贵州省普通高等学校青年科技人才成长项目（黔KY〔2022〕204）
贵州省科技厅科技计划项目（ZK〔2023〕030）
贵州省高等学校智能计算与监测预警技术创新团队（黔教技〔2023〕063号）
贵州省科技厅科技计划项目（黔科合支撑〔2023〕一般372）

基于生成对抗网络的图像分类研究及其在脉冲星候选体识别中的应用

周林勇 ◎ 著

西南交通大学出版社

·成 都·

图书在版编目（CIP）数据

基于生成对抗网络的图像分类研究及其在脉冲星候选体识别中的应用 / 周林勇著. -- 成都：西南交通大学出版社, 2023.7
ISBN 978-7-5643-9389-2

Ⅰ. ①基… Ⅱ. ①周… Ⅲ. ①脉冲星 – 识别 – 研究 Ⅳ. ①P145.6

中国国家版本馆 CIP 数据核字（2023）第 149474 号

Jiyu Shengcheng Duikang Wangluo de Tuxiang Fenlei Yanjiu ji Qi zai Maichongxing Houxuanti Shibie zhong de Yingyong

基于生成对抗网络的图像分类研究及其在脉冲星候选体识别中的应用

周林勇　著

责任编辑	李华宇
封面设计	何东琳设计工作室
出版发行	西南交通大学出版社 （四川省成都市金牛区二环路北一段 111 号 西南交通大学创新大厦 21 楼）
邮政编码	610031
发行部电话	028-87600564　028-87600533
网址	http://www.xnjdcbs.com
印刷	成都蜀通印务有限责任公司

成品尺寸	170 mm×230 mm
印张	11.75
字数	201 千
版次	2023 年 7 月第 1 版
印次	2023 年 7 月第 1 次
定价	56.00 元
书号	ISBN 978-7-5643-9389-2

图书如有印装质量问题　本社负责退换
版权所有　盗版必究　举报电话：028-87600562

前言

国家重大工程、世界最大单口径射电天文望远镜、被誉为"中国天眼"的 500 m 口径球面射电望远镜（Five-hunderd-meter Aperture Spherical Telescope，FAST）于 2016 年 9 月正式在贵州省平塘县落成，2016—2020 年完成试运行和设备调试，2020 年 1 月 11 日通过国家验收工作，正式开放运行。FAST 的科学目标众多，总结起来，主要包括以下 6 个方面：一是巡视宇宙中的中性氢，研究宇宙大尺度物理学，探索宇宙起源和演化；二是观测脉冲星，研究极端状态下的物质结构与物理规律；三是主导国际甚长基线干涉测量网，并获得天体超精细结构；四是探测星际分子，研究恒星形成与演化、星系核心黑洞以及探索太空生命起源；五是搜索星际通信信号，搜寻地外文明；六是其他应用领域。FAST 将把我国深空测控及通信能力由地球同步轨道延伸至太阳系外缘行星，能使目前我国的深空通信数据下行速率提高 100~1 000 倍，强有力地支持我国未来载人航天、探月和深空探测计划，还能应对深空飞行器在快速工程变轨和着陆时的测控需求；观测电离层对卫星和射电源信号的闪烁，研究电离层不均匀的时空结构，为我国军民两用通信和卫星定位服务；观测行星际闪烁（IPS）和法拉第旋光现象，跟踪探测日冕物质抛射事件，了解太阳风的行星际传播，服务太空天气预报，等等。在众多科学目标中，寻找脉冲星是 FAST 早期的主要科学目标之一。新脉冲星的发现以及利用 FAST 对这些新脉冲星进行后续跟踪观测，可提供解决广义相对论检验、银河系中心黑洞探索、银河系星际介质探测、中子星内部物态探测等物理学基本问题的新手段。脉冲星是一种高度磁化的旋转中子星，它具有体积小、密度大且能发射电磁辐射等特点。脉冲星的发现在物理和天文学领域都有着重要的意义。目前，FAST主要采用基于特征筛选的脉冲星候选体识别方法并发现了 160 余颗新脉冲星。脉冲星候选体数据集具有极端非平衡性特征，因此给候选体识别带来了极大的困扰。以卷积神经网络为代表的深度学习模型虽然在图像识别领域展现出惊人的能力，但面对非平衡脉冲星候选体数据集时表现出一定程度的模型偏移（偏向多数类）。针对不平衡数据的分类问题，目前较为常见的有改进损失函数和重平衡数据集两种途径；另外，少数类样本的多样性缺乏也是脉冲星候选体识别面临的主要困境。生成对抗网络的出现为脉冲星候选体识别提供了有效途径。它可以从已有的样本学习到样本的分布，并生成新的样本。因此，本书拟从改进损失函数和利用生成对抗网络的生成能力两个方面解决脉冲星候选体数据集面临的非平衡问题以及少数类样本多样性缺乏的问题。基于生成对抗网络突出的样本生成能力和脉冲星候选体数据集的极端非平衡特性，本书从以下几个方面展开研究：

（1）提出一种基于辅助分类器生成对抗网络的图像识别模型 CP-ACGAN。辅助分类器生成对抗网络是基于生成对抗网络提出的一种样本可控性生成模型。同时该模型也可以对训练中的真实样本和条件生成样本进行标签预测。但当将其应用于图像分类时，该模型并未表现出明显的优势，甚至识别效果不如卷积神经网络模型。也即是说训练集的样本多样性并未从生成样本中得到有效补充，甚至还起到了相反的效果。深入分析后发现这主要是辅助分类器生成对抗网络的判别器网络输出层结构以及损失函数的形式导致的。因此，通过改进辅助分类器生成对抗网络的结构以及重构模型的损失函数，同时引入样本生成和样本分类的权重因子，提出了一种新的图像识别模型 CP-ACGAN。该模型能在一定程度上利用生成样本补充训练样本的多样性，从而提高图像识别效果。同时，通过对权重因子的分析表明，提出的模型是对辅助分类器生成对抗网络、生成对抗网络以及卷积神经网络的统一表达形式。最后，通过在 MNIST 和 CIFAR10 数据上的分类实验表明，与传统的识别方法相比，提出的 CP-ACGAN 具有更好的图像识别效果。

（2）提出一种基于生成对抗网络的半监督学习模型SSL-ATJD。由于只对少量样本进行了标记，标记样本缺乏多样性是半监督学习面临的主要困境，但生成对抗网络的出现恰好为半监督学习提供了有效途径。分析了现有的基于生成对抗网络的半监督学习模型的缺陷后，提出了以一种基于对抗训练的半监督学习模型SSL-ATJD。该模型由一个生成器、一个分类器和三个判别器构成，同时模型中包含四类联合分布进行对抗训练，分别是真实样本与对应标签之间的联合分布、无标样本和对应的预测标签之间的联合分布、标签与对应条件生成样本之间的联合分布以及条件生成样本与对应的预测标签之间的联合分布、理论分析表明，提出的模型有唯一的最优解，且当模型达到均衡后四类联合分布相等，同时分类器刚好是生成器的推理网络。因此，模型可以对真实样本和生成样本进行准确的标签预测。最后，分别在MNIST、CIFAR10和SVHN数据集上进行实验，结果表明：SSL-ATJD模型具有当前最好的半监督分类效果，同时，在MNIST上减少标签样本数量的实验还表明，SSL-ATJD模型对半监督学习中标记样本的数量表现出极强的健壮性。

（3）提出一种基于对抗训练的图像识别模型ICAT。将提出的半监督学习模型SSL-ATJD进行进一步优化，得到一种基于对抗训练的图像识别模型ICAT。该模型由一个生成器、一个分类器和两个判别器构成，同时模型中包含三类联合分布进行对抗训练，即样本与对应标签之间的联合分布、标签与条件生成样本之间的联合分布及条件生成样本和对应的预测标签之间的联合分布。理论分析表明模型有唯一的最优解，且当模型达到平衡后，分类器刚好是生成器的推理网络，即条件生成样本通过分类器后得到的预测标签与生成条件样本的输入标签完全相同。因此，生成器和分类器在训练中相互协作，相互促进，共同达到最优。提出的模型对训练样本较少的数据集以及非平衡数据集具有较好的识别效果。最后在MNIST和SVHN数据集上分别提取不同数量的训练样本进行实验，结果表明提出的ICAT模型具有更好的分类效果；同时，实验还表明ICAT模型生成的样本比CGAN和ACGAN模型都具有更好的可控性。

（4）将提出的 CP-ACGAN 和 ICAT 模型分别应用到脉冲星候选体数据集上，解决了该数据集面临的非平衡性和少数类样本多样性缺乏的困境。将两类模型应用到 HTRU 和 FAST 数据集中，并与同等深度网络结构的 CNN 模型、ACGAN 模型进行比较，实验结果表明提出的 CP-ACGAN 和 ICAT 模型具有显著性优势。同时，通过对模型参数的详细比较表明：ICAT 模型更合适，也能更有效地应用于脉冲星候选体识别。

由于作者水平有限，书中难免存在不足之处，敬请指正。

作　者

2023 年 1 月

第 1 章 绪 论

1.1 国内外相关研究现状 …………………………………… 004
1.2 本书研究内容及架构 …………………………………… 010
    1.2.1 研究内容 …………………………………………… 010
    1.2.2 本书结构 …………………………………………… 012

第 2 章 神经网络与生成式对抗网络

2.1 神经网络 ………………………………………………… 014
    2.1.1 人工神经网络 ……………………………………… 014
    2.1.2 卷积神经网络 ……………………………………… 020
    2.1.3 神经网络在不平衡数据上的性能分析 …………… 023
2.2 混合概率随机池化方法 ………………………………… 029
    2.2.1 方法原理 …………………………………………… 029
    2.2.2 方法提出 …………………………………………… 030
    2.2.3 方法可行性分析 …………………………………… 032
    2.2.4 实验结果与分析 …………………………………… 033
    2.2.5 超参数的选择 ……………………………………… 038
2.3 生成对抗网络及其改进模型 …………………………… 039
    2.3.1 生成对抗网络 GANs ……………………………… 039
    2.3.2 DCGAN 模型 ……………………………………… 041
    2.3.3 CGAN 模型 ………………………………………… 042
    2.3.4 ACGAN 模型 ……………………………………… 044

2.4 生成对抗网络在不平衡数据上的性能分析 ············ 045
  2.4.1 不平衡数据集类型 ························ 046
  2.4.2 网络结构与性能度量 ······················ 053
  2.4.3 生成对抗网络在跳跃式不平衡数据集上的
     性能分析 ································ 058

第 3 章
基于辅助分类器生成对抗网络的图像识别

3.1 ACGAN 模型分析 ································ 077
3.2 图像识别模型 CP-ACGAN ························ 081
  3.2.1 模型构造 ······························ 081
  3.2.2 损失函数 ······························ 082
3.3 CP-ACGAN 模型实验与结果分析 ················ 085
  3.3.1 实验数据与参数设置 ······················ 086
  3.3.2 图像识别 ······························ 088
  3.3.3 超参数分析 ····························· 092

第 4 章
基于生成对抗网络的半监督学习

4.1 背景介绍 ······································ 095
4.2 半监督学习模型 SSL-ATJD ······················ 096
  4.2.1 模型提出 ······························ 096
  4.2.2 模型收敛性分析 ·························· 099
  4.2.3 模型训练 ······························ 104
4.3 SSL-ATJD 模型实验与结果分析 ················ 106
  4.3.1 实验数据与实验平台 ······················ 106
  4.3.2 网络层结构与超参数 ······················ 107
  4.3.3 半监督分类 ····························· 110
  4.3.4 半监督生成 ····························· 115
4.4 基于对抗训练的图像识别模型 ICAT ·············· 121
  4.4.1 模型构造 ······························ 121
  4.4.2 理论分析 ······························ 123

  4.4.3 模型训练 ··· 126
4.5 ICAT 模型实验与结果分析 ···································· 127
  4.5.1 网络层结构与超参数 ································ 127
  4.5.2 图像分类 ··· 131
  4.5.3 生成样本可控性分析 ································ 134

第 5 章
脉冲星候选体识别

5.1 脉冲星信号的搜索与判别 ····································· 138
  5.1.1 脉冲星信号的搜索 ··································· 138
  5.1.2 脉冲星候选体判别 ··································· 141
5.2 脉冲星候选体数据集与评价指标 ···························· 142
  5.2.1 脉冲星候选体数据集 ································ 142
  5.2.2 评价指标 ··· 146
5.3 基于 CP-ACGAN、ICAT 的脉冲星候选体识别 ·········· 146
  5.3.1 模型结构与超参数 ··································· 147
  5.3.2 HTRU 上的实验结果分析 ·························· 150
  5.3.3 FAST 上的实验结果分析 ··························· 153
5.4 基于 SSL-ATJD 的脉冲星候选体识别 ······················ 155
  5.4.1 数据准备与 SSL-ATJD 模型结构 ················· 155
  5.4.2 半监督分类与生成结果 ····························· 158

第 6 章
总结与展望

6.1 总 结 ··· 162
6.2 展 望 ··· 163

第1章 绪 论

国家重大工程、世界最大单口径射电望远镜、被誉为"中国天眼"的500 m口径球面射电望远镜（Five-hundred-meter Aperture Spherical Telescope，FAST）落户于贵州省平塘县，并于2016年9月竣工，同时进入设备调试与试运行阶段。2020年1月11日，FAST通过国家验收，正式开放运行，成为全球最大且最灵敏的射电望远镜。这意味着"中国天眼"开启了睁眼看宇宙的新征程，也意味着人类向宇宙未知地带探索的眼力更加深邃，眼界更加开阔。FAST的科学目标众多，其中包括脉冲星搜索、脉冲星计时、星系巡天以及快速射电暴等。在早期的研究中，寻找脉冲星是其最主要的科学目标之一。2017年10月10日，中国科学院国家天文台举行了FAST首批成果新闻发布会，正式发布了我国射电望远镜首次发现脉冲星的成果。2018年2月27日，FAST首次发现了一颗毫秒脉冲星。截至目前，FAST总共发现并得到认证的新脉冲星已经超过100颗，并且随着19波束接收机的投入使用，不久将会有更多的脉冲星被发现。与世界上其他望远镜相比，FAST具有更高的灵敏度。因此，不管是对原始数据的处理还是对后期脉冲信号的识别都带来了更大的挑战。目前，19波束接收机已经投入使用，数据采样速率由原来的1 024 Hz提高到4 096 Hz，是原来单波束时的4倍，产生的观测数据量每天至少19 TB。截至2019年，FAST共搜索计算观测数据1 436 TB，其中，超宽带数据585 TB，19波束数据851 TB。面对海量的观察数据，一方面，对计算机的计算能力是巨大挑战；另一方面，面对观察数据处理后产生的百万量级的脉冲星候选体，如何从中找出优质的脉冲信号是一个非常值得研究的方向，而人工智能的发展为该问题的研究提供了有力技术支撑。

近年来，以机器学习、深度学习为代表的人工智能取得了巨大的发展，尤其是在图像、语音、医疗、自动驾驶等领域更是取得了长足的进步。神经网络作为机器学习的重要分支已有半个多世纪的研究历史。20 世纪 40—60 年代，人类学家 Mcculloch 和数理逻辑学家 Pitts 创立了第一个感知机模型[1, 2]，标志着人工神经网络时代的来临。1986 年，反向传播算法[3]被提出，从而解决了多层神经网络的训练问题。

1998 年，LeCun 设计了第一个卷积神经网络（Convolutional Neural Network，CNN）[4]模型 LeNet-5，并在 MNIST 数据集上取得了巨大成功。但是由于计算能力以及网络深度的限制，使得该方法没有得到进一步发展。2006 年，被誉为深度学习之父的加拿大认知心理学家和计算机科学家 Geoffrey Hinton 首次提出了深度学习的概念[5]，并成功解决了深度学习中面临的梯度消失等问题。随着计算机计算能力的提高以及 GPU（图形处理器）的应用，2012 年，Hinton 与他的学生 Alex Krizhevsky 构造了更深层次的卷积神经网络，并以此提出了深度卷积神经网络模型 AlexNet[6]。该模型在 ImageNet 图像识别大赛上大获成功，并将 Top5 错误率控制在 15.4，超过第二名（非深度学习方法）10%。自此以后，基于深度卷积神经网络的方法一直在 ImageNet 图像识别大赛上占据头筹，并分别提出了 VGG 模型[7]、GoogleNet 模型[8]、ResNet 模型[9]以及 SENet 模型[10]。值得一提的是到 2015 年，ResNet 模型在 ImageNet 图像分类上将 Top5 错误率控制在 3.57%，这一识别率甚至超过了人类。到 2017 年，SENet 模型将 Top5 错误率降至 2.25%。至此，ImageNet 图像识别大赛不再进行。

机器是否具有创造性是衡量它是否智能的重要标尺。就这一点而言，基于大数据、大样本的深度卷积神经网络显然不具备这一特性。卷积神经网络只能从已有的数据出发，从大数据中提取样本特征，并将这些特征用于分类、定位等相关任务。但这种方法并不能创造新的样本，而生成模型的出现恰好弥补了这一缺陷。生成模型的研究已有近 40 年的历史，1983 年，Fahlman 等人提出了最早的生成模型玻尔兹曼机和受限玻尔兹曼机（BM & RBM）[11]。20 世纪 90 年代，又有学者相继提出了 Helmholtz 机和 S 型信念网络[12]。随后 2006 年，Hinton 等人提出了深度信念网络（DBN）[13]。除此之外，还有高斯混合模型（GMM）[14]、隐形马尔科夫模型（HMM）[15]和隐形马尔科夫随机场模型（HMRF）[16]等相继被提出。2013 年，生成模型的研究取得了重大进展，Kingma 等人提出了变分自编码模型（Variational Autoencoder, VAE）[17]。2014 年，生成模型的发展迎来了里程碑式的一页，Goodfellow 等人提出了生成式对抗网络（Generative Adversarial Nets, GANs）[18]。与传统的生成模型相比，GANs 不需要复杂的马尔科夫链，不需要极大释然估计，也没有复杂的变分下限，因此，大大降低了网络的训练难度。2015 年，Radford 等人将生成对抗网络与卷积神经网络相结合，提出了深度卷积生成对抗网络模型（Deep Convolutional GANs，DCGAN）[19]。该模型利用卷积计算提取更加细腻的空间特征，从而使生成图像达到了前所未有的清晰度。目前，生成对抗网络广泛应用于图像风格转换[20-22]、3D 图像合成[23-25]、半监督学习以及非平衡数据分类等领域。

图像分类一直是机器学习领域经典而永恒的研究问题。随着深度学习概念的提出以及 GPU 硬件的发展，深度卷积神经网络模型在图像分类方面大获成功。然而，在实际应用中，发现多数情况下面对的数据都存在严重的不平衡关系，即某个类或某些类的样本数量显著高于另一些类，将这类数据集称为不平衡数据集，且将样本数较多的类称为负类，而与之对应的另一类则称为正类。例如在医疗临床数据中，大部分人都处于健康状态，仅有小部分是病例样本；在 FAST 脉冲星候选体识别中，绝大部分都是噪声样本，仅有少部分为脉冲信号样本；同样在欺诈检测、生物信息学等领域也广泛存在数据不平衡问题。因此，不平衡数据的分类研究意义重大且有广泛的应用价值。脉冲星候选体数据集最大的特点是样本分布极不均衡，且正类样本严重不足，属于典型的非平衡图像数据集。现有的图像识别模型在面对这类数据集时表现出识别效果不佳、偏向多数类等现象。因此，处理这类数据集最有效的办法是进行数据合成，使数据集重新平衡。传统的少数类样本过采样算法 SMOTE[26]及其相关的改进算法[27-32]虽然在某些数据集上取得一定的效果。但是，一方面，这类算法合成的样本是已有样本的凸组合，因此对图像分类并无太大帮助；另一方面，这类算法都是基于欧式距离的样本间距度量，而该方式并不适合图像数据。所以，传统的少数类样本合成算法并不适合非平衡图像数据集。然而，与少数类样本合成算法不同，生成对抗网络模型能从已有的数据中学习到样本的分布，并通过随机向量生成新的样本。因此，生成样本是在真实样本分布上的随机采样。利用生成对抗网络补充脉冲星候选数据集中少数类样本的多样性，并以此提升该数据集的识别效果是一个值得研究的方向；另外，传统的图像识别模型需要用大量的标签样本，而这会耗费极大的人力、物力等成本。同时，正类样本稀缺导致样本标记异常困难。因此，探索非平衡脉冲星候选体数据集上的半监督学习，以减少对标签样本的依赖也是一个值得探究的领域。

1.1 国内外相关研究现状

不平衡数据分类是人工智能领域中的热点问题且较为棘手。当前，大部分机器学习算法都是基于类别均衡设计的，即每个类别样本错分的代价相同。但当这类方法应用到不平衡数据时，学习到的模型会向多数类偏移。这是因为在类别不平衡情况下，少数类样本的梯度在总梯度中的比重远远小于多数类，即多数类基本上占据了负责更新模型权值的梯度，从而导致少数类误分增加。总结起来，当前对该问题的研究可分为三类：数据层面、算法层面以及混合方法[33, 34]。首先，数据层面的方法主要是通过改变数据分布以提高少数类样本在模型优化中的比重，其方式包括随机过采样（ROS）、随机降采样（RUS）。常用的方法包括合成少数过采样技术（SMOTE）以及其改进方法 Borderline-SMOTE、Safe-Level-SMOTE 等。近年来，随着生成对抗网络模型 GANs 的提出与改进，基于 GANs 的过采样方法被越来越多的学者重视并用于各类不平衡数据分类[35, 36]。与基于欧式距离的 SMOTE 等采样方法不同，GANs 通过网络模型学习到真实数据分布并采样获得更多少数类样本。因此，该方法在不平衡图像数据集上能获得更好的效果。其次，算法层面的方法通过改进模型损失函数以提高少数类样本在模型优化中的比重。与数据层面方法相比，这类方法不用改变原数据分布，因此不会给网络增加太多额外的计算负担。这类方法主要通过构造新的损失函数、代价敏感学习以及调整决策阈值三种方式实现[37]。其中,构造新的损失函数是较为典型的一种方式,其主要包括平均错误损失[38](Mean False Error Loss,MFE)、焦距损失[39](Focal Loss,FL)、非对称焦距损失[40](Asymmetric Focal Loss,ASL)以及周期性焦距损失[41](Cyclical Focal Loss,CFL)等方法;代价敏感学习通过给不同类型的样本分配不同的错误预测代价来缓解类别不平衡[42],通常情况下少数类误分代价显著高于多数类。但该方法中代价矩阵的确定较为困难,通常由相关领域的权威专家确定。常见的方法包括代价敏感深度神经网络[43](Cost-sensitive Deep Neural Network,DNN)和利用代价敏感 CNN 学习代价矩阵[44](Learning cost matrices with Cost-sensitive CNN,CoSen)等方法;阈值调整方法则通过在网络的输出层调整决策阈值实现类别均衡[45]。最后,混合方法是对数据层面方法和算法层面方法的结合,其中较为典型的有随机深度过采样方法[46](Deep Over-sampling,DOS)、边界局部嵌入(Large Margin Local Embedding,LMLE)以及类别矫正与困难样本挖掘[47](Class Rectification and Hard Sample Mining,CRL)。

自从生成对抗网络被提出后,研究者又相继提出了近百种改进模型。总体上,关于生成对抗网络的研究可以分为四类:GANs 模型理论方面研究、GANs 与 VAE 的相融研究、GANs 在半监督学习方面的研究和 GANs 在非平衡数据分类方面的研究。

(1)GANs 作为一种无监督学习模型,生成图像的类别是不受主观控制的。因此,不断有学者探究生成样本类别可控的 GANs 模型,并在 2015 年、2016 年相继提出了条件生成对抗网络(Conditional GANs,CGAN)[48]和辅助分类器生成对抗网络(Auxiliary Classifier GANs,ACGAN)[49]。一方面,这两种模型都利用了训练样本的类别标签,因此,它们都属于全监督生成模型;另一方面,在无监督的条件下研究样本的聚类生成同样也取得进展,并相继提出了基于最大互信息原理的生成对抗网络模型 InfoGAN[50]和基于最大信息熵原理的类别生成对抗网络模型 CatGAN[51]。相比之下,融入标签信息的 CGAN 和 ACGAN 模型生成的样本具有更好的可控性。

收敛性、稳定性以及生成样本的多样性一直是关于 GANs 理论方面研究的焦点。原始 GANs 模型是通过 Jensen-Shannon（JS）散度来度量两个分布之间的距离。Nowozin 等人提出了将原始 GANs 模型的分布度量方式一般化，即采用 f 散度（f-divergence）代替 JS 散度，由此提出了 f-GAN 模型[52]。Arjovsky 等人通过严格理论推导表明，JSD 散度是导致 GANs 模型在训练过程中出现梯度爆炸或者梯度消失等现象的关键因素[53]，并认为利用 Wasserstein 距离来代替 JS 散度可以极大程度地缓解这一困境，最终他们提出了 WGAN 模型[54]。之后，为了缓解 WGAN 模型中 Lipschitz 条件的限制，Arjovsky 等人又提出了 WGAN-GP 模型[55]。该模型在 WGAN 的基础上加入了梯度惩罚项，使梯度在传播过程中保持平稳，这样不仅提升了收敛速度，同时生成样本的质量也得到了一定的提高。Mescheder 等人[56]通过分析证明零中心梯度惩罚比 1 中心梯度惩罚的 WGAN-GP 模型更容易达到收敛。沿着这个思路，Petzka 等人提出了基于非平滑零中心梯度惩罚的 WGAN-LP 模型[57]；Hoan 等人则将这种零中心梯度惩罚技术应用到原始 GANs 模型上，提出了基于平滑零中心梯度惩罚的 GAN-0GP 模型[58]，该模型有效地提高了 GANs 的生成能力以及训练的稳定性。Miyato 等人则分析认为，WGAN-GP 的梯度惩罚机制是定义在真实数据和生成数据的凸组合上的函数，这给模型训练带来了不确定性，由此他们提出了谱归一化生成对抗网络 SNGAN[59]。Mao 等人提出了对生成样本中与真实样本分布较远的样本进行重点的"按需分配"，由此提出了最小平方生成对抗网络 LSGAN[60]。Zhao 等人以能量值作为度量标准提出了基于能量的生成对抗网络 EBGAN[61]。Berthelot 等人在 EBGAN 模型和 WGAN 模型的基础上提出了边界均衡生成对抗网络 BEGAN[62]。以上这些改进模型都在一定程度上提高了原始 GANs 模型的收敛速度和训练稳定性。

（2）各种改进后的 GANs 模型虽然能够生成清晰度较高的图像，但它们对于生成样本的隐变量却一无所知。样本的隐变量表示是样本表征学习、可视化以及可解释性的基础。虽然 GANs 模型不能学习到样本的隐变量表示，但变分自编码器 VAE 却可以通过推理网络实现。作为另一种效果显著的生成模型，VAE 由于在目标函数中包含真实样本与生成样本之间的欧式距离，使得生成的图像相对模糊[63, 64]，但该模型包含对样本隐变量学习的推理网络。因此，研究者们一直试图将两类模型的优势结合起来，以同时实现高质量样本生成和隐变量推理学习。Hu 等人[65]从统一生成模型的角度分析了 GANs 和 VAE 之间的形式化的联系；文献[66, 67]则从变分推理的角度为两类模型提出了统一的解释。

2016 年，Larsen 等人[68]提出了利用 GANs 的对抗学习原理代替 VAE 中的欧式距离，并以此度量生成样本和真实样本之间的相似度，从而提出了既可以生成高清样本又包含隐变量推理的模型；同时，Dumoulin 和 Donahue 分别提出了对抗学习推理模型 ALI[69]和双向生成对抗网络模型 BiGAN[70]。这两种模型完成了几乎相同的工作，利用 VAE 的推理模型和 GANs 的生成模型分别构建样本空间和隐空间之间的二维联合分布，并利用对抗学习原理促使联合分布达到平衡，最终通过联合分布相等推导出条件分布相等，即在统一模型下同时实现样本生成和隐变量推理；另外，Makhzani 等人将原始 VAE 中度量隐变量后验分布与先验分布之间的 KL 散度改为 GANs 中的对抗学习形式，从而提出了对抗自编码 AAE 模型[71]。原理相似的模型还包括对抗相似度变分自编码 AS-VAE[72]和翻转对抗自编码 FAAE[73]。2017 年，Ulyanov 等人提出了对抗生成器-编码器模型 AGE[74]，该模型利用真实样本在隐空间上的映射与生成样本在隐空间上的映射进行对抗训练以实现样本生成与隐变量推理。目前，关于 GANs 与 VAE 的融合仍是生成模型领域研究的焦点。

（3）由于独特的样本生成能力，GANs 被广泛应用于半监督学习中。2014 年，Kingma 等人[75]提出基于深度生成模型的半监督学习方法。之后，Salimans 等人提出了基于 GANs 的半监督学习模型 ImprovedGAN[76]，并由此拉开了 GANs 在半监督学习中应用的序幕。通过最大信息熵原理，Springenberg 等人提出了基于 GANs 的半监督学习模型 CatGAN。Dai 等人深入分析了 ImprovedGAN 中判别器的双重任务的缺陷后，认为一个好的半监督模型需要一个"坏"的生成模型[77]。但另一方面，通过将

ImprovedGAN 中的判别器拆分为一个判别器和一个分类器，Li 等人提出了 TripleGAN 模型[78]，并指出好的半监督学习模型需要可控的生成模型。Gan 等人在 TripleGAN 模型的基础上又提出了基于联合分布匹配的半监督学习模型 TriangleGAN[79]。同样地，Makhzani 等人通过在预测标签与真实标签之间进行对抗训练，提出了可用于半监督分类的对抗自编码模型 AAE。Dumoulin 和 Donahue 等人通过在样本空间和隐空间的联合分布中进行对抗训练，分别提出了可用于半监督学习的 ALI 模型和 BiGAN 模型。结构生成对抗网络 SGAN[80]和对抗学习混合模型 AMM[81]通过在样本空间、隐空间和标签空间构成的三元联合分布中实现半监督学习，这类模型不仅可以实现半监督学习，同时也能学习到样本的隐空间表示。相比于更早的半监督学习方法，基于 GANs 的半监督学习模型在半监督分类和半监督生成方面都展现出了巨大的潜力，但与监督学习相比，仍有较大差距。目前，基于 GANs 的半监督学习仍是 GANs 应用的主要研究方向之一。

（4）GANs 也被广泛应用于非平衡数据分类中。非平衡数据集的处理方法分为两类：一类基于数据；另一类基于算法[82-85]。基于数据是最直接的一种处理方式，其目的是让数据集重新平衡。根据重平衡数据集的方式不同又分为样本过采样和样本降采样。过采样是通过合成少数类样本使数据重新达到平衡；降采样则是通过减少多数类样本来重新平衡数据集[86-88]。当然，过度的降采样可能导致有用信息丢失。因此，也有学者提出了将两种方法结合起来使用[89-92]。经典的过采样方法包括合成少数类样本过采样 SMOTE 以及一些改进算法。这些算法基本都是以基于欧式距离的 KNN 算法为基础，并且合成的样本是已有样本的凸组合，因此，这种方式不适合于图像数据集。近年来，随着 GANs 技术的发展成熟，不断有学者探究利用 GANs 及其改进模型来对非平衡数据进行过采样。

理论上，GANs 模型生成样本的分布与真实样本分布完全一致[18]，因此，利用该模型补充非平衡数据中的少数类样本是一个完美的选择。2018 年，Mullick 等人[92]提出了基于条件生成对抗网络 CGAN 的非平衡数据过采样方法,并在二分类非平衡数据上取得了明显效果。目前大部分的研究[93-97]都是采用类似的办法:即利用先 CGAN 生成少数类样本,再利用 CNN 模型对重新平衡后的数据集进行分类。目前,这些研究大多都是基于非图像数据集,而对维度较高的图像数据集的研究相对较少,且主要集中在医学图像识别领域[98-100]。另外,相关研究表明,为了安全地生成"可靠"样本,GANs 模型会选择性地在真实样本分布的中心区域生成样本。因此,直接利用 GANs 模型的生成样本补充图像数据集的多样性并无显著效果。当前,对于大规模的非衡数据集、高维度的非衡数据集以及少量标记样本的非衡数据集的分类仍面临巨大挑战[101]。

脉冲星候选体数据集是典型的大规模且高维度的非平衡数据集。脉冲星候选体识别算法的发展分为两个阶段。第一阶段为基于经验公式的打分排序[102]。这种方法主要是研究者通过经验设计若干个统计特征(如信噪比、脉冲轮廓宽度等),并对每个特征赋予权重,然后再对每个候选体样本进行打分排序。该方法属于无监督形式的分类算法,因此不需要标签样本,但同时它又严重依赖于研究者的专业知识和经验,受人为因素干扰较大。第二阶段为基于机器学习的识别算法。2010 年,Eatough 等人[103]设计了 12 个样本特征,并利用单隐层前馈人工神经网络在 PMPS 数据集上发现一颗新脉冲星。2012 年,Bates 等人[104]在此基础上又增加了 10 个样本特征,并利用人工神经网络在 HTRU 数据集中找到了 75 颗新脉冲星。他们的方法同样依赖于研究者设计的样本特征,但是由于使用了神经网络模型,避免了为每个特征赋予权重;同时,基于神经网络的识别方法属于监督型学习模式,因此需要大量的标签样本作为训练集。随着图像识别技术的发展成熟,特别是深度卷积神经网络模型 AlexNet 在 ImageNet 图像识别大赛上崭露头角,基于深度学习的方法被越来越多地用于脉冲星候选体识别中。2014 年,Zhu 等人[105]基于 CNN 模型设计了脉冲星候选体识别系统 PICS。与以往的人工神经网络方法不同,PICS 直接以候选体图像作为输入,而不需要任何人工设计的样本特征。最终,他们利用该系统在 PALFA 数据集上发现了 6 颗新脉冲星。2018 年,Wang 等人[106]提出了利用 ResNet 替代 PICS 系统中的 CNN 模型，并在 FAST 数据集上重训练了该系统。2018 年，Guo 等人[107]将 GANs 应用到脉冲星候选体的识别中。他们将 GANs 的判别器视为一个特征提取器，再结合支持向量机 SVM[108]实现分类。以上这些方法在脉冲星候选体识别上均取得了不错的效果，但它们并没有解决数据集面临的非平衡性问题；同时，模型的训练同样依赖大量的标签样本。目前，大规模非平衡的脉冲星候选体识别仍面临巨大挑战。

1.2 本书研究内容及架构

1.2.1 研究内容

结合生产对抗网络的样本生成能力以及脉冲星候选体数据集的非平衡特性，我们从以下几个方面展开研究。

（1）提出了一种基于 ACGAN 的图像识别模型 CP-ACGAN。ACGAN 模型虽然在样本可控性生成方面表现出显著效果，但当将其应用于图像分类时，尤其是面对复杂数据时，表现出收敛速度慢、识别效果不佳等问题。综合分析后，对 ACGAN 模型的网络结构和损失函数进行改进，使其能更好地利用模型中的生成样本补充训练样本的多样性，以提高图像识别效果；同时，在 CP-ACGAN 模型中还引入了动态因子，以调节模型中样本可控性生成与分类的相对比重。分析表明提出的 CP-ACGAN 模型是 ACGAN、DCGAN 以及 CNN 模型的统一表达形式，通过动态调节因子可以实现它们之间的转化。最后，在 MNIST 和 CIFAR10 上进行分类实验。结果表明 CP-ACGAN 模型的识别效果明显优于同等深度网络结构的 ACGAN 和 CNN 模型；同时，也通过实验论证了动态调节因子对模型分类效果的影响。

（2）提出了一种基于 GANs 的半监督学习模型 SSL-ATJD。该模型由一个生成器、一个分类和三个判别器构成；同时模型中还包含真实样本与标签、样本与预测标签、标签与条件生成样本以及条件生成样本与预测标签之间的四类联合分布进行对抗训练。理论分析表明模型有唯一的最优解，且当模型达到平衡时，这四类联合分布相等，它们对应的条件分布以及边缘分布也相等。此时，生成器恰好是分类器的推理网络。因此，生成器的可控性和分类器的泛化能力可以在训练中得到同步提升。最后，在 MNIST、CIFAR10 和 SVHN 上进行半监督分类与半监督生成实验。结果表明提出的 SSL-ATJD 模型达到了目前最好的半监督分类效果，并且在 MNIST 上减少标记样本数量的实验还表明，模型对标签样本数表现出极强的健壮性。另外，对模型在 MNIST 上生成的样本进行分类实验。结果表明，与其他的半监督学习模型相比，SSL-ATJD 模型具有更好的条件样本生成能力。

（3）提出了一种基于对抗训练的图像识别模型 ICAT。将半监督学习模型 SSL-ATJD 进一步优化，得到一种通用的图像识模型。该模型对均衡数据集、小规模数据集以及非平衡数据集均有较好的识别效果。它由一个生成器、一个分类器和两个判别器构成，其中生成器用于样本条件生成；分类器对条件生成样本进行标签预测，并将误差反向传回生成器中指导其参数更新；两个判别器则用于区分样本与标签、标签与条件生成样本以及条件生成样本与预测标签之间的联合分布。理论上，证明了模型的收敛性，并表明当模型达到平衡时，三类联合分布相等，则它们对应的条件分布以及边缘分布也相等。因此，模型可以预测出条件生成样本和测试样本的标签。最后，在 MNIST 和 SVHN 上验证了 ICAT 模型的分类效果；同时减少训练样本数量的实验还表明，模型对小样本数据集同样具有更好的识别效果。另外，通过对生成样本进行分类的实验还表明，ICAT 模型比 CGAN 以及 ACGAN 模型都具有更好的可控性。

（4）将提出的模型应用到脉冲星候选体识别中。脉冲星候选体数据集属于极端非平衡数据集，且正类样本严重不足。传统的 CNN 方法不可避免地会偏向多数类，导致对少数类的识别效果欠佳。本书提出的 CP-ACGAN 以及 ICAT 模型都可以利用生成样本补充训练样本的多样性，因此，对非平衡数据集的识别效果显著。最终，在 HTRU 和 FAST 两个脉冲星候选体数据集上，分别进行了时间相位图和频率相位图的分类实验。结果表明，提出的 CP-ACGAN 和 ICAT 模型都显著地提高了识别效果。相比较而言，ICAT

模型的识别效果更佳，且模型更加稳定。因此，该模型更适合用于脉冲星候选体筛选。另外，还在 HTRU 中进行了半监督实验，结果表明 SSL-ATJD 模型在非平衡数据中同样具有显著效果，且只需要少量的标签样本，该模型便可达到与全监督 CNN 模型相同的识别效果。

1.2.2　本书结构

本书各章节结构如下：

第 1 章为绪论。叙述了课题研究的背景及意义，重点介绍了 GANs 的研究现状，以及它在半监督学习、非平衡数据分类等方面的应用价值；同时，也介绍了脉冲星候选体识别方法的发展历程，人工智能在脉冲星候选体识别中的应用价值与面临的困境；最后对全书的研究内容以及结构作了介绍。

第 2 章为神经网络与生成式对抗网络。主要介绍了神经网络的基本结构以及常用的激活函数；然后对卷积神经网络的卷积层和池化层进行分析；最后介绍了 GANs 的模型结构和基本原理，并对本书用到的几个改进模型进行了简单介绍。

第 3 章为基于辅助分类器生成对抗网络的图像识别。首先分析了 ACGAN 模型应用于图像识别时收敛速度慢、效果不佳的原因；然后对 ACGAN 模型的网络结构和损失函数进行重构，并引入动态因子，使其能更好地利用生成样本补充训练样本的多样性。最后，在 MNIST 和 CIFAR10 数据集上进行实验论证；同时在 CIFAR10 上对模型中的动态因子进行了讨论分析。

第 4 章为基于生成对抗网络的半监督学习。首先分析了 GANs 应用于半监督学习的优势和存在的缺陷，并在此基础上提出了一种基于联合分布间对抗训练的半监督学习模型 SSL-ATJD；然后，从理论上分析了模型的收敛性与合理性；最后，在 MNIST、CIFAR10 和 SVHN 数据集上进行半监督实验。结果表明，提出的模型具有最好的半监督分类效果；另外，进一步改进 SSL-ATJD 模型，得到了一种基于对抗训练的图像识别模型 ICAT。

同样,从理论上分析了提出模型的收敛性。然后,通过在 MNIST 和 SVHN 上的实验表明:该模型对小规模数据集和非平衡数据集均表现出更好的识别效果;同时,与 CGAN 和 ACGAN 模型相比,ICAT 模型具有更好的可控性。

第 5 章为脉冲星候选体识别。首先介绍了脉冲信号的处理流程以及脉冲星候选体的识别方法;然后将 CP-ACGAN 和 ICAT 模型应用到 HTRU 和 FAST 两个脉冲星候选体数据集中,实验结果表明提出的模型在脉冲星候选体识别上具有明显优势。最后,还将提出的半监督学习模型 SSL-ATJD 应用到 HTRU 上,探索非平衡数据中的半监督学习效果。

第 6 章为总结与展望。对全书的工作和创新点做出总结,并展望下一步研究的方向。

第 2 章　神经网络与生成式对抗网络

2.1　神经网络

2.1.1　人工神经网络

人工神经网络是一种模仿人类大脑行为的数学模型，它可以表达任意的复杂非线性关系，具有很强的记忆能力和自学习能力，并在分类、预测和模式识别等方面有着广泛的应用。从结构上看，人工神经网络由输入层、隐藏层和输出层构成，其中隐藏层可以没有，也可以有单个隐藏层或多个隐藏层多种结构。图 2.1 所示为双层神经网络示意图，只有输入层和输出层，没有隐藏层，示例中输入层包含 3 个神经元，输出层包含 2 个神经元。

图 2.2 所示为一个四层神经网络示意图，即包含输入层、输出层和两个隐藏层。

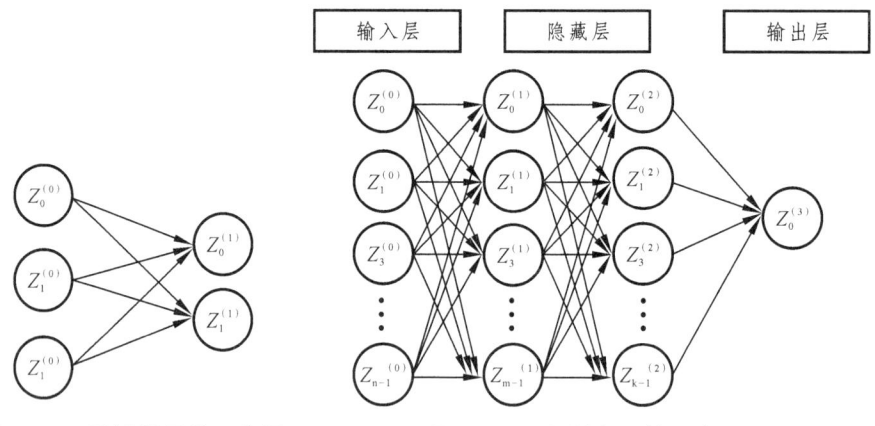

图 2.1　双层神经网络示意图　　图 2.2　四层神经网络示意图

其中，$z^{(0)}$ 为网络的输入层，$z^{(3)}$ 为网络的输出层。第一个隐藏层含有 m 个神经元，输出为 $z^{(1)}$；第二个隐藏层有 k 个神经元，输出为 $z^{(2)}$。$z^{(1)}$、$z^{(2)}$ 和输出值 $z^{(3)}$ 的计算公式为

$$z^{(i+1)} = f[z^{(i)}W^{(i)} + b^{(i)}] \tag{2.1}$$

式中，$f(x)$为激活函数；$W^{(i)}$和$b^{(i)}$分别为第i层的参数和偏置。因此，该网络的参数量为$(n+1) \times m + (m+1) \times k + (k+1) \times 1$。激活函数是神经网络能够模拟任意非线性映射的关键，没有激活函数，神经网络只能执行单一的线性变换。因此，神经网络中激活函数不可或缺。在深度学习中，几种常用的激活函数如下。

1. sigmoid 函数

sigmiod 函数被称为 S 函数或 logisticl（逻辑）函数，在图像数据预处理时，通常将每个点的像素值统一映射到 (0, 1)。因此，在图像生成时，需要将网络输出层的每个元素值映射回 (0, 1)，这时就要用到 sigmiod 函数。其表达式为

$$f(z) = \frac{1}{1 + e^{-z}} \tag{2.2}$$

除了能将任意值映射到 (0, 1) 外，sigmoid 函数的导函数也比较简单，这有利于误差的反向传播和参数更新。其导函数为

$$f'(z) = f(z) \times [1 - f(z)] \tag{2.3}$$

图 2.3 所示为 sigmoid 函数及其导函数的图像。从图像可以看出，$f'(z)$

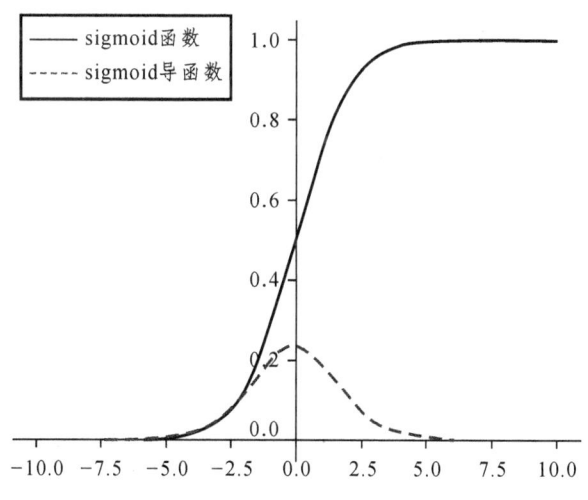

图 2.3　sigmoid 函数及其导函数图像

最大值为 0.25，因此可以有效防止梯度爆炸。但当 z 特别大或者特别小时，$f'(z)$ 接近 0，此时模型容易陷入梯度消失[109]。因此，sigmoid 函数通常用于网络的输出层或者二分类问题的概率计算。

2. tanh 函数（双曲正切函数）

在数据预处理时，有时也将数据进行零中心归一化处理。因此，当进行数据生成时，tanh 函数就成为必然的选择，因为它将数值从 (−∞, +∞) 映射到 (0, 1)。tanh 函数及其导函数的表达式分别为

$$f(z) = \frac{e^z - e^{-z}}{e^z + e^{-z}} \quad (2.4)$$

$$f'(z) = 1 - [f(z)]^2 \quad (2.5)$$

图 2.4 所示为 tanh 函数及其导函数的图像。

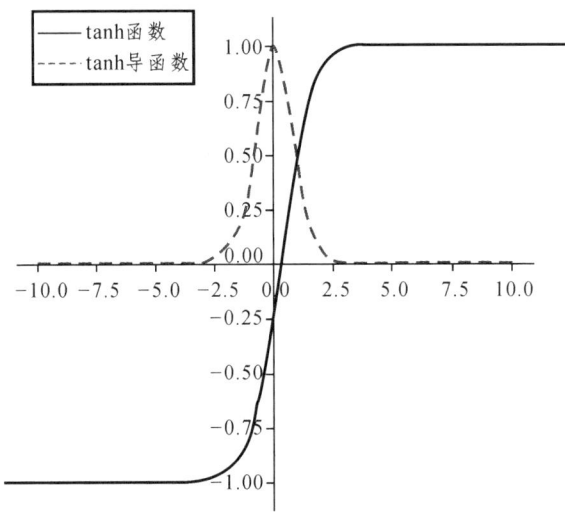

图 2.4　tanh 函数及其导函数图像

与 sigmoid 激活函数一样，tanh 函数可以有效地防止梯度爆炸。但也有一个致命缺点，即当 z 很大或者很小时，$f'(z)$ 接近 0，模型同样会遭遇梯度消失问题。因此，tanh 函数通常也只用于模型的最后一层以生成新样本。

3. arctan 函数（反正切函数）

arctan 函数是 tanh 函数的反函数，该函数与 Tanh 函数较为相似，但值域更大，其表达式及其导函数为

$$f(z) = \tan^{-1}(z) \tag{2.6}$$

$$f'(z) = \frac{1}{1+z^2} \tag{2.7}$$

arctan 函数及其导函数的图像如图 2.5 所示。

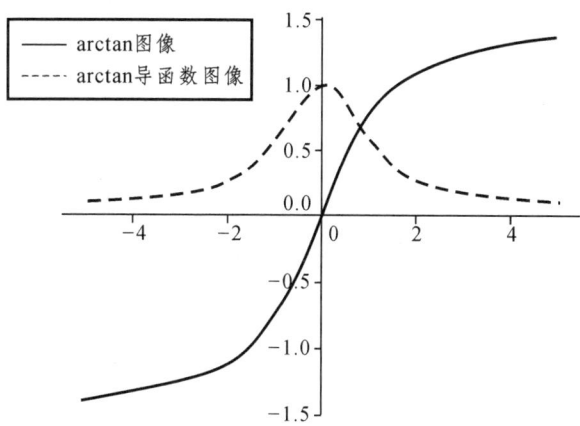

图 2.5　arctan 函数及其导函数图像

4. ReLU 函数

ReLU 函数也被称为修正线性单元（Rectified Linear Unit，ReLU）。它的提出是为了解决 sigmoid 函数和 tanh 函数中出现的梯度消失问题，其表达式为

$$f(z) = max(0, z) \tag{2.8}$$

图 2.6 所示为 ReLU 函数及其导函数图像。

相比之下，ReLU 函数计算速度更快，效率更高。当输入为正时，导函数值为 1，因此不存在梯度消失问题。但当输入小于 0 时，同样可能会出现梯度消失。所以，又有学者提出了 Leaky ReLU 激活函数。

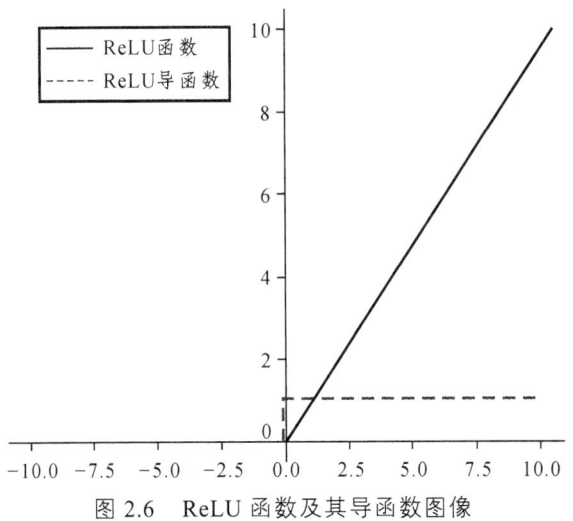

图 2.6　ReLU 函数及其导函数图像

5. Leaky ReLU 函数

Leaky ReLU 简称为 LReLU，它是对 ReLU 函数的一种改进，是深度学习中使用最为广泛的一种激活函数，其表达式为

$$f(z)=\begin{cases} z & z \geqslant 0 \\ \alpha z & z < 0 \end{cases} \tag{2.9}$$

式中，α 为超参数，取值在 (0, 1)。图 2.7 所示为 LReLU 函数及其导函数图像。

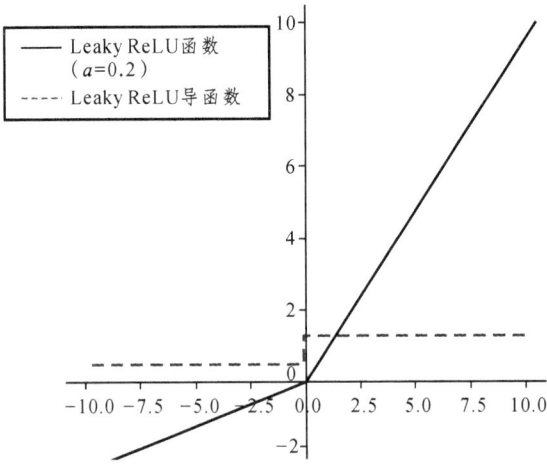

图 2.7　LReLU 函数及其导函数图像

相比之下，LReLU 函数不仅计算速度快、效率高，更重要的是它解决了其他几种激活函数中可能存在的梯度消失难题。

6. Randomized ReLU（RReLU）函数

RReLU 是对 LReLU 函数的又一种变形，该损失函数将 LReLU 中的参数 α 进行随机化处理，训练过程中，负值的斜率是随机的，在之后的测试中就变成固定的了。α 的值采用均匀分布、随机取样的方法确定，具体计算方式为

$$f(z_{ji}) = \begin{cases} z_{ji} & z_{ji} \geq 0 \\ \alpha_{ji} z_{ji} & z_{ji} < 0 \end{cases} \tag{2.10}$$

式中，$z_{ji} \sim U(l,u), l < u$ 且 $l, u \in [0,1)$

因此，导函数为

$$f'(z_{ji}) = \begin{cases} 1 & z_{ji} \geq 0 \\ \alpha_{ji} & z_{ji} < 0 \end{cases} \tag{2.11}$$

RReLU 函数图像如图 2.8 所示。

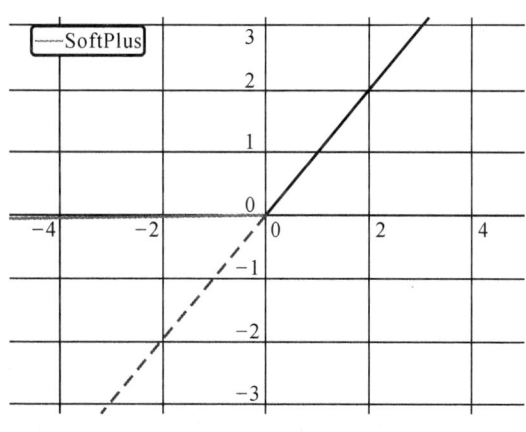

图 2.8　RReLU 函数图像

7. SoftPlus 函数

ReLU 函数虽然连续，但其导函数在零点处是间断的，基于此设计了

SoftPlus 函数，这是一种平滑的 ReLU 函数，其函数及导函数表达式分别为

$$f(z) = \ln(1+e^z) \tag{2.12}$$

$$f'(z) = \frac{1}{1+e^{-z}} \tag{2.13}$$

由图 2.9 可知，因为该函数不以零为中心，可能影响网络学习，同时由于导数必然小于 1，所以也存在梯度消失问题。

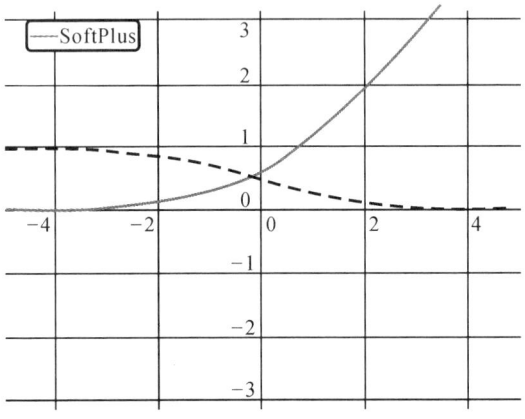

图 2.9　SoftPlus 函数及其导函数图像

2.1.2　卷积神经网络

1998 年，LeCun 设计了第一个卷积神经网络模型 LeNet-5，并在 MNIST 上取得了显著效果。2006 年，Hinton 首次提出了深度学习的概念；2012 年，他的学生 Alex 提出了第一个深度卷积神经网络模型 AlexNet，并在 ImageNet 图像分类大赛上大获成功。图 2.10 所示为一个简易的 CNN 模型结构示意图。

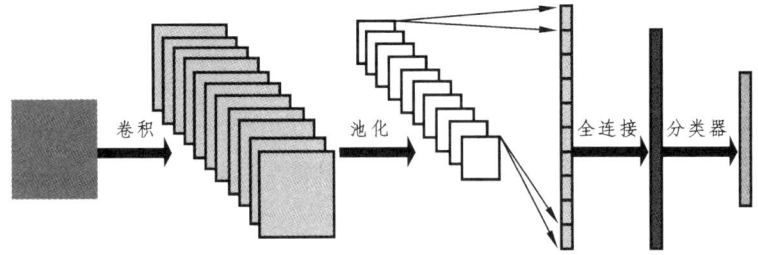

图 2.10　CNN 模型结构示意图

一个典型的 CNN 模型由卷积层、池化层和全连接层构成，其中卷积层和全连接层都嵌入了激活函数。根据卷积层和池化层的不同组合形式，可以构造出不同深度的卷积神经网络。对于一个执行分类任务的 CNN 模型，通常在全连接层后面会连接一个分类器，因此，它是端到端的学习模型。

1. 卷积层（Convolution Layer）

卷积层由卷积计算和激活函数构成。卷积计算也是一种线性映射，与传统的全连接网络相比，这种映射更有利于提取图像的空间特征信息和图像的边缘特征[110]。因此，它更适合图像处理相关的任务。假设卷积计算的输入为 $X_{n\times n}$，卷积核为 $W_{m\times m}$，移动步幅为 s，$Conv(X,W)$ 表示卷积计算，则有

$$Conv(X,W) = \sum_{p=1}^{s}\sum_{q=1}^{s}(X_{p+s\times(i-1),q+s\times(j-1)} * W_{p,q}) \quad (2.14)$$

式中，$i\in[1,I]$；$j\in[1,J]$；I,J 为卷积计算后的特征图维度。通常，为了更好地提取图像的边缘信息，可以选择在输入特征图的四周添加 0，设添加的维度为 p，则卷积计算后的特征图大小为

$$I = \frac{n-m+2\times p}{s}+1 \quad (2.15)$$

$$J = \frac{n-m+2\times p}{s}+1 \quad (2.16)$$

最终，在激活函数的作用下，卷积层的输出表示为 $f[Conv(X,W)]$。通常，在同一个卷积层，会选择多个卷积核，而不同的卷积核用于提取不同的特征信息，这些特征信息被用于最终的学习任务。同一个卷积核与上一层的特征图做卷积计算时参数是相同的，这就是卷积神经网络的参数共享原则，这样可以极大地减小模型的参数量。假设卷积计算的输入层的特征图数量为 t，卷积核的个数为 q，那么卷积计算后的特征图个数也为 q，且

此时卷积层包含参数量为 $q\times(t\times m\times m+1)$。

2. 池化层（Pooling Layer）

池化层一般紧接着卷积层，它对卷积层的输出做进一步稀疏处理。池化是卷积神经网络特征提取的重要步骤，具有保持平移、旋转、伸缩等不限性[111, 112]。池化的基本原理是在池化域中计算一个合理的统计值来代表该池化域的所有值，因此，池化层不含任何参数。根据计算方式不同，池化方法可分为：最大池化[113, 114]、均值池化[115]、随机池化[116]、基于排序的随机池化[117]以及其他改进的池化方法[118, 119]。

最大池化就是取每个池化域中的最大值作为该池化域的统计，而均值池化则是取池化域中元素的平均值作为该池化域的统计值。最大池化和均值池化是目前使用最广泛的两种池化方法，它们的计算方法分别为

$$S = \max_{i,j\in[1,m]} (\text{out}_{ij}) \tag{2.17}$$

$$S = \frac{1}{m\times m}\sum_{i=1}^{m}\sum_{i=1}^{m}\text{out}_{ij} \tag{2.18}$$

文献[116]分析认为这两种池化方法的池化值都是确定性的，容易使模型陷入过拟合，因此提出一种基于权重概率的随机池化方法（Stochastic pooling）。该方法根据池化域中元素大小赋予权重，然后再依权重进行抽样得到池化值。这样每次池化层的输出都带有一定的随机性，可以防止模型陷入过拟合。随机池化的计算方式为

$$p_i = \frac{a_i}{\sum_{k=1}^{n}a_k}, \quad i=1,2,\cdots,n \tag{2.19}$$

$$s = a_l, \quad l \sim P(p_1, p_2, \cdots p_n) \tag{2.20}$$

式中，a_i 表示池化域中的第 i 个元素值；n 为池化域中的元素个数；s 为池化域的输出值；p_i 为池化域中第 i 个元素被选择的概率。原理相似的池化方

法还有基于排序的随机池化（Rank-based stochastic pooling）[117]，但在给每个元素赋予权重时，采用了元素排序原则。其计算方法为

$$p_r = \alpha \times (1-\alpha)^{r-1}, \quad i=1,2,\cdots,n \tag{2.21}$$

$$s = a_l, \quad l \sim P(p_1, p_2, \cdots, p_n) \tag{2.22}$$

式中，α 为超参数，且 $\alpha \in (0,1)$；p_r 表示池化域中排序为第 r 位的元素被选中的概率。

2.1.3 神经网络在不平衡数据上的性能分析

含有 N 个样本的数据集可表示为 $X = \{(x_i, y_i) : i = 1, 2, \cdots, N\}$，其中 $x_i \in R^d$ 表示样本为 d 维度空间上的一个点；$y_i \in \{0,1\}$ 表示样本标签只有 0 和 1 两类。一般情况下，我们将 $y=0$ 定义为多数类，即负类；而将 $y=1$ 归纳为少数类，即正类。若正类样本的数量 N_1 和负类样本的数量 N_0 满足 $N_0 \gg N_1$，则称该数据集为不平衡集，且 $IR = N_0 / N_1$ 称为不平衡比。一般而言，不平衡比越高，数据分类难度越大。交叉熵损失函数是二分类问题最常用的损失函数，其形式可以表示为

$$L_{CE}(p,y) = -\sum_{i=1}^{N}[y_i \log(p_i) + (1-y_i)\log(1-p_i)] \tag{2.23}$$

式中，$p_i = P(y=1|x_i)$，表示样本 x_i 被预测为正类的概率。通常情况下，若将样本 x_i 通过特征提取模型运算后的输出值记为 z_i，则可利用 sigmoid 函数或者 softmax 函数计算 p_i。与文献[39]一样，若定义 p_t 为

$$p_t = \begin{cases} p, & y=1 \\ 1-p, & y=0 \end{cases} \tag{2.24}$$

则可将交叉熵损失函数表示为 $L_{CE}(p,y) = L_{CE}(p_t) = -\log(p_t)$。

在交叉熵损失的基础上，为了更好地处理不平衡问题，Lin 等提出了一种焦距损失，该损失函数定义为

$$L_{FL}(p_t) = -(1-p_t)^\alpha \log(p_t) \tag{2.25}$$

式中，α 为模型超参数；$(1-p_t)^\alpha$ 为动态缩放因子，通过该项可降低模型优化时对简单易识别样本的依赖，而更加专注于困难样本。将训练集中的正、负样本拆开，则焦距损失函数可以进一步表示为

$$L_{FL}(p) = L_{FL}^+(p) + L_{FL}^-(p) \tag{2.26}$$

式中，$L_{FL}^+(p) = -(1-p)^\alpha \log(p)$，$L_{FL}^-(p) = -p^\alpha \log(1-p)$。2021年，Ridnik等人[40]分析认为：当 α 设置较大时，可有效降低负类中易识别样本的梯度贡献，但同时也会削减正类样本在模型中的梯度比重。因此，他们提出了一种解耦非对称的焦距损失函数（ASL），损失函数表示为

$$L_{ASL}(p) = L_{ASL}^+(p) + L_{ASL}^-(p) \tag{2.27}$$

式中，$L_{ASL}^+(p) = -(1-p)^{\alpha_+} \log(p)$，$L_{ASL}^-(p) = -p^{\alpha_-} \log(1-p)$，$\alpha_+$、$\alpha_-$ 为超参数，分别表示正、负类样本的调节因子，且满足 $\alpha_- > \alpha_+$。同时，为了降低易识别的负类样本对模型参数的纠缠，对负样本进行了概率平移，即

$$L_{ASL}^-(p) = -p_\gamma^{\alpha_-} \log(1-p_\gamma) \tag{2.28}$$

式中，$p_\gamma = \max(p-\gamma, 0)$，$\gamma$ 为超参数，表示概率平移阈值。Smith[41]对FL和ASL做了进一步改进，采用了神经网络的循环训练方案，即模型在训练的初始阶段和结束阶段主要关注简单样本，而在中间阶段则重点关注难以识别的困难样本。最终，针对FL、ASL分别提出了CFL和CASL，损失函数的表达式为（以CASL为例）

$$CASL(p) = \xi L_{hc} + (1-\xi)(L_{ASL}^+ + L_{ASL}^-) \tag{2.29}$$

$$\xi = \begin{cases} 1 - f_c \dfrac{e_i}{e_n}, & f_c \times e_i \leq e_n \\ \left(f_c \dfrac{e_i}{e_n} - 1\right) / (f_c - 1), & \text{else} \end{cases} \tag{2.30}$$

式中，$L_{hc} = -(1+p_t)^{\gamma_{hc}} \log(p_t)$；$f_c$ 和 γ_{hc} 为超参数；e_i 为当前训练周期；e_n 为训练总周期。

下面将进行不同数据集、不同不平衡比下的对比实验，并分析卷积神经网络模型在不平衡数据上的性能。在应用较为广泛的 MNIST 和 CIFAR10 上，分别选取几组类别进行二分类实验，损失函数选择了标准交叉熵损失 CE。在 MNIST 上分别提取了 4 组区分度较小的类别，即 $\{(3,5),(3,8),(5,8),(6,8)\}$。在每组类别 (C_i, C_j) 的对比实验中，选择前一个类别 C_i 为正类，固定样本数量为 50，并依次以不平衡比 IR=10∶1、60∶1 和 100∶1 分别选取负类样本 C_j。最后，得到 12 种不同的训练数据集，测试集则是从原测试集中提取出对应的类别 (C_i, C_j)。在 CIFAR10 上选择 $\{(3,8),(5,8)\}$ 两个类别做对比实验。前一个类为少数类，样本数为 500，后一个类为多数类，样本数依次为 1 000、2 000 和 3 000。因此，CIFAR10 上构造的数据集的不平衡比 IR 分别为 2∶1、4∶1 和 6∶1。在 MNIST 上的不平衡实验结果如图 2.11 所示。

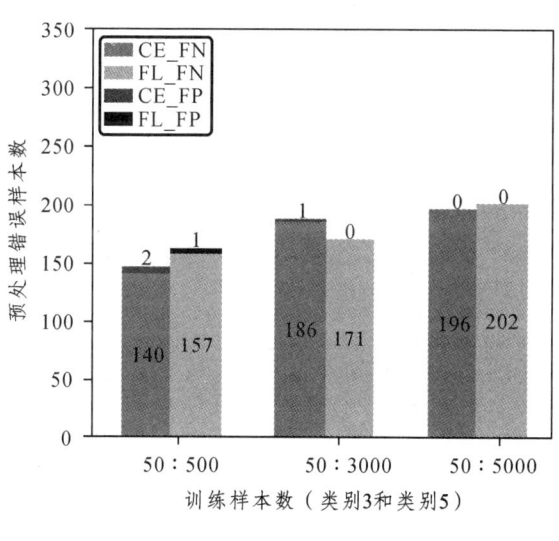

(a)

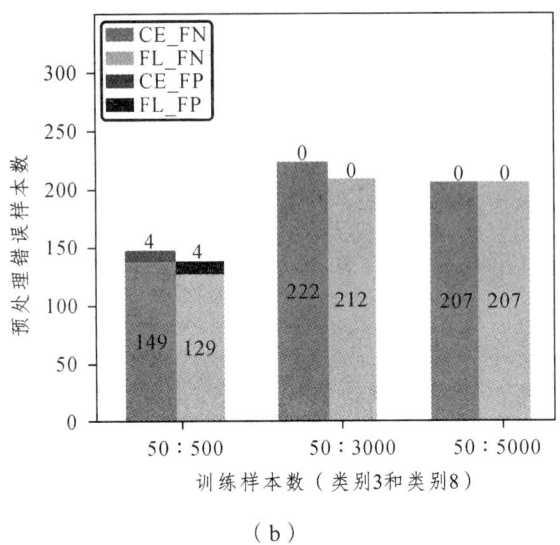

(b)

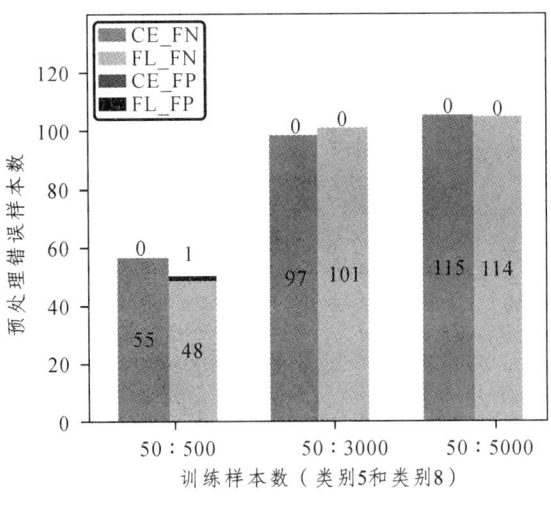

(c)

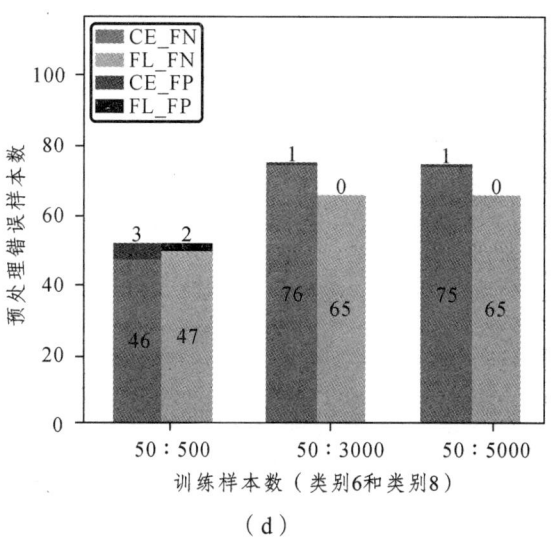

(d)

图 2.11　MNIST 上的不平衡实验结果

图中 FN（False Negative），即预测的假负样本数；FP（False Positive），即预测的假正样本数。由图可知各种不平衡比下，CNN 模型在两种损失函数中的假负样本都较高，即将部分正样本预测为负样本。因此，可以说 CNN 模型在不平衡数据上表现出较为明显的模型偏移问题。图 2.12 所示为四组实验中假负样本的平均值对比。

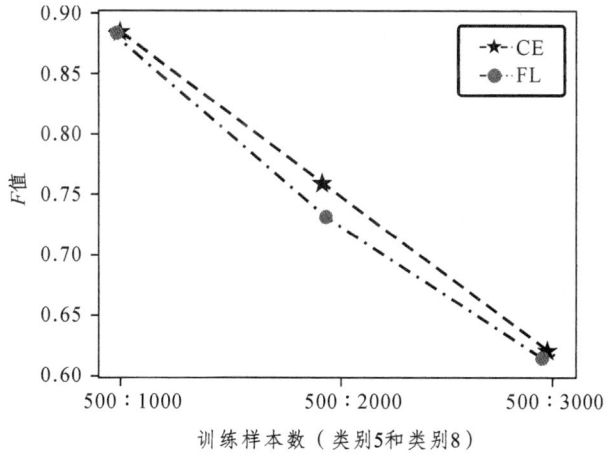

图 2.12　四组实验中的平均 FN 对比

在 CIFAR10 上的结果如表 2.1、表 2.2 和图 2.13 所示。

表 2.1 CIFAR10 上的精确率对比

方法	第一组（类别 3 和类别 8）			第二组（类别 5 和类别 8）		
	500~1 000	500~2 000	500~3 000	500~1 000	500~2 000	500~3 000
CE	0.979	0.99	**0.994**	**0.988**	0.998	**1**
FL	**0.983**	0.982	0.992	0.986	0.995	0.996

表 2.2 CIFAR10 上的召回率对比

方法	第一组（类别 3 和类别 8）			第二组（类别 5 和类别 8）		
	500~1 000	500~2 000	500~3 000	500~1 000	500~2 000	500~3 000
CE	0.81	0.618	0.478	0.829	0.643	0.525
FL	0.793	0.647	0.492	0.823	0.656	0.532

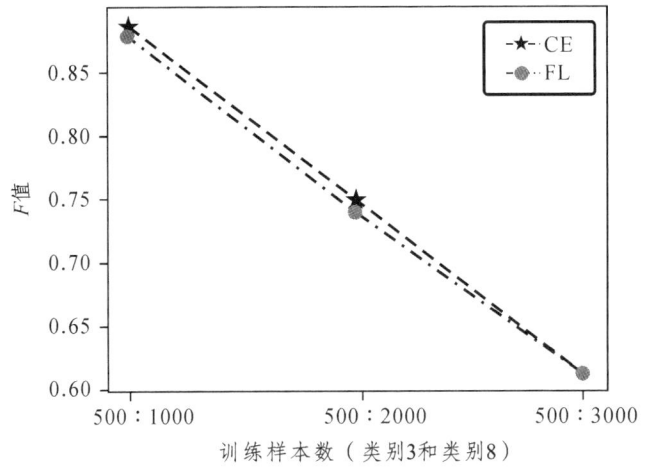

（a）

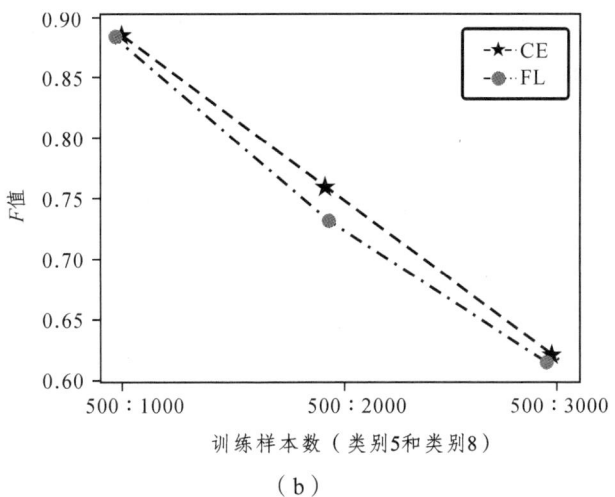

（b）

图 2.13　CIFAR10 上的综合指标对比

由表 2.1、表 2.2 和图 2.13 可以看出，CNN 模型在不平衡数据集上的召回率较差，说明模型向多数类偏移，从而忽略了更重要的少数类。

2.2　混合概率随机池化方法

2.2.1　方法原理

几种不同的改进池化方法中，基于概率的改进是一种极为有效的方法。基于概率的池化方法给池化域中每个元素引入概率，然后再利用多项分布进行随机取样得到池化值，概率的引入使得池化方法具有一定的随机性，这相当于 Dropout（随机失活）的功能，可以有效地防止过拟合，从而提高图像分类效果。目前，基于概率的池化方法主要有 Stochastic Pooling（随机池化）和 Rank-based Stochastic Pooling（基于序的随机池化）两种，并且两种方法都能取得较为理想的效果，但两种方法在池化域元素的概率计算上都有一定的缺陷。随机池化以池化域中元素的取值赋予权重概率，如图 2.14 所示。

当一个池化域中只有一个非零元素，其他的元素均为零时，此时非零元素对应的概率为 1，其他元素对应的概率为 0。这时随机池化相当于最大池化，零元素被选择的概率为零，因此，该方法不再具有随机性，对防治过拟合、提高图像分类效果也有一定的影响。

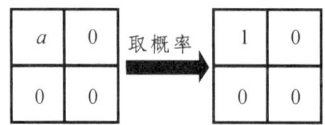

图 2.14　随机池化方法

基于序的随机池化以池化域中元素的排序依次赋予概率，概率只与元素的排序位置有关，而与元素的取值无关。元素概率以类似几何概率的形式分布，即

$$p_r = \alpha(1-\alpha)^{r-1}$$

式中，r 表示元素的排序位置；$\alpha(0<\alpha<1)$ 为超参数，表示排序为 r 的元素被选中的概率，如图 2.15 所示（取超参数 $\alpha=0.5$）。

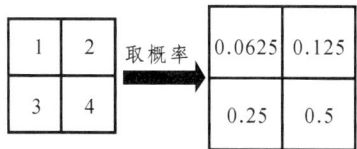

图 2.15　基于序的随机池化方法

根据该方法池化域中元素概率的计算公式，即使池化域中元素为零，被取中的概率也不为零，也就是任意一个元素都有被取中的可能。因此，基于序的随机池化方法一方面成功地解决了随机池化的缺陷；但另一方面，该池化方法只根据池化域中元素的排序位置来赋予概率，而不关心取值，也就是，当池化域中元素相等时，它们对应概率差别也很大。这样反向传播时对反向传播的方向有较大影响，因此，只考虑元素的位置而不关心元素取值也是不恰当的。

2.2.2　方法提出

受前面两种随机池化方法的启发，综合两种随机池化的优点，同时为了能更好地解决两种随机池化概率赋予中存在的问题，本书提出了一种新的随机概率池化方法 Mix-pro pooling（混合概率随机池化）该方法在概率的赋予上提出了一种新的计算方法，计算方法如下：

第一步：将 $n×n$ 的卷积特征图划分为 $m×m$ 大小的互不相交的池化块，先将池化域中的元素去重复，然后对池化块（无重复）中的元素按从小到大排序，设 a 是升序排列的数组，$a:T \to \{a_{min},\cdots,a_{max}\}$，$r$ 为排序后元素的顺序 $r:T \to \{1,\cdots,|a|\}$，且满足 $a(i) < a(i) \Rightarrow r(i) < r(i)$。

第二步：对池化域中元素加入顺序影响因子，计算如下：

$$b_i < a_i + (\beta^{r_i} - 1), \quad i \in (1,2,\cdots,|a|) \quad (2.31)$$

式中，$\beta(\beta \geq 1)$ 为超参数；r_i 表示元素 a_i 的顺序。

第三步：求加入顺序影响因子后的权重概率，公式为

$$p_i = \frac{b_i}{\sum_{i=1}^{|a|} b_i} \quad i \in (1,2,\cdots,|a|) \quad (2.32)$$

第四步：按多项分布进行取样，得到池化后的值，即

$$S = a_l \text{ 其中 } l \sim \text{Multinomial}(p_1, p_2, \cdots, p_{|a|}) \quad (2.33)$$

图 2.16 所示为混合概率池化方法的示例。

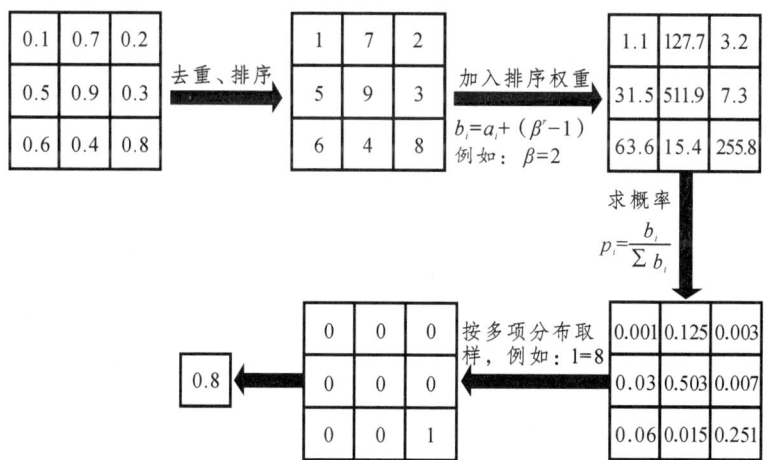

图 2.16　混合概率池化方法示例

图 2.17 是图 2.16 中的特征图在随机池化和基于序的随机池化以及本书提出的混合概率随机池化下的概率分布图（其中超参数 β 取 0.5，混合概率随机池化中超参数 β 取 1.5）。

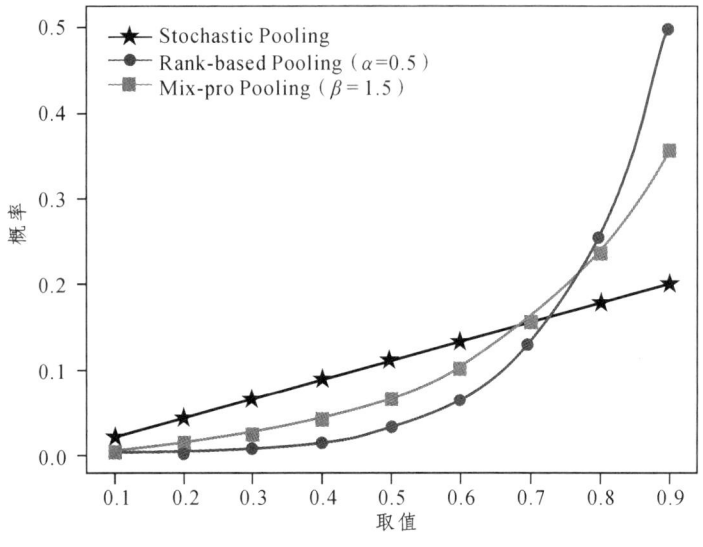

图 2.17　各种随机池化概率的比较

2.2.3　方法可行性分析

方法第一步是引入去重，这样可以保证对相等的元素具有相等的被选中的概率。第二步是在基于权重的随机池化基础上加入了元素顺序影响因子 $\beta(\beta \geqslant 1)$，此时元素的选择概率为

$$p_i = \frac{a_i + \beta^{r_i} - 1}{\sum_{i=1}^{|a|}(a_i + \beta^{r_i} - 1)}$$

式中，影响因子 β 是混合概率的关键因素，β 越大，表示越侧重元素的顺序；β 越小（接近 1），表示越侧重元素的取值。该概率计算方法既考虑了元素的取值，也考虑了元素值在池化域中的排序位置，这样对池化域中任意的元素都赋予了被取中的概率，同时也解决基于序的随机池化只考虑顺序而不考虑元素取值的问题。当 $\beta = 1$ 时，有

$$p_i = \frac{a_i}{\sum_{i=1}^{|a|}(a_i)}$$

此时混合概率池化退化为随机池化。

当 $\beta \to \infty$ 时，有 $p_{\max} \to 1$，即最大元素被取中的概率接近 1，此时混合概率池化退化为最大池化。因此，混合概率随机池化方法计算的概率是包含随机池化与最大池化的一种更一般的池化方法，理论上应该会有更好的图像分类效果。图 2.18 所示为 β 取不同值时的概率分布。

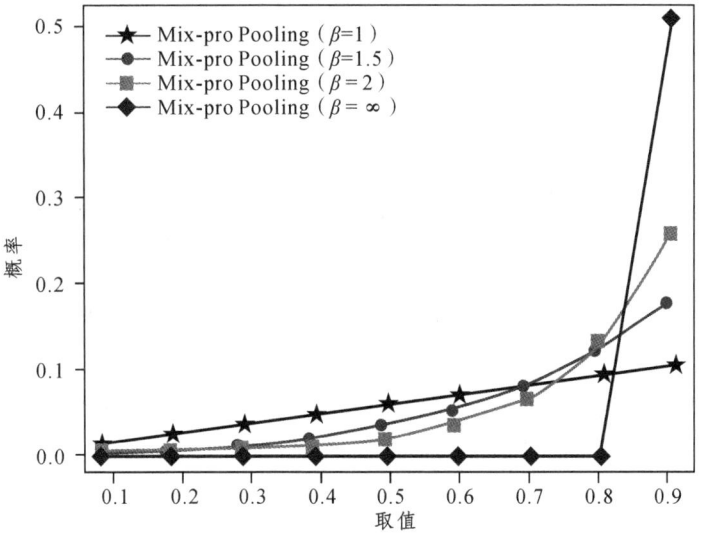

图 2.18　不同超参数下元素概率分布
（$\beta = 1$ 时为随机池化，$\beta \to \infty$ 时为最大池化）

综上可知，本节提出的混合概率随机池化方法在前向、反向传播时都是对最大池化和随机池化的综合与扩展，该方法既综合了最大池化、随机池化及基于序的随机池化的优点，又做了一定的改变，增加了算法的灵活性与健壮性，具有更好的泛化效果。

2.2.4　实验结果与分析

为了验证混合概率随机池化方法的有效性，分别在三种不同的数据集

MNIST、CIFAR-10、CIFAR-100 上进行试验，所有的实验卷积网络均采用 C-S-C-S-200FC 结构，分别表示第一、第三层为卷积层，第二层与第四层为池化层，第五层为全连接层，此层神经元个数为 200。实验中加入了批量归一化，在每次卷积后与激活作用之间加入批量归一化，这样更有利于提高分类的准确率。激活函数选用 ReLu 函数，池化域大小为 2×2 方形区域。每组试验的权重初始值都采用高斯初始化方法，反向传播采用随机梯度下降方法。所有实验都在 PyTorch 框架下，通过扩展函数实现混合概率随机池化方法，并在 GPU 下运行。

1. MNIST 数据集

MNIST 数据集是一个手写字体数字的图片数据集，共 70 000 张，每张图像显示为数字 0~9 中的一个，其中 60 000 张为训练数据集，10 000 张为测试数据集，每张均为 28×28 的灰度图像。实验时，首先将数据归一化为 [0,1]，第一、三卷积层的卷积核大小均为 5×5，卷积核个数分别为 16、40，学习率初始值为 0.1，动量 momentum 为 0.9。试验分别用最大池化、均值池化、随机池化、基于序的随机池化（超参数 $\varepsilon = 0.5$，下同）以及混合概率随机池化方法（超参数 $\beta = 2$，下同）进行，表 2.3 是三种不同初始值下，各种不同池化方法训练 80 个 epoch 后在测试集上的最高准确率。

表 2.3　不同池化方法，不同随机种子在 MNIST 数据集上的测试准确率

池化方法	随机种子 1	随机种子 2	随机种子 3
最大池化	99.44%	99.40%	99.45%
均值池化	99.28%	99.29%	99.20%
L2 池化	99.43%	99.42%	99.44%
随机池化	99.45%	99.39%	99.47%
基于序的随机池化	99.46%	99.41%	99.46%
混合概率随机池化	99.50%	99.49%	99.49%

从表 2.3 中可以看出，在各种不同初始条件下，混合概率随机池化方法比其他池化方法有更好的测试效果。图 2.19 是表 2.3 中三次随机实验的平均结果。

第 2 章 神经网络与生成式对抗网络

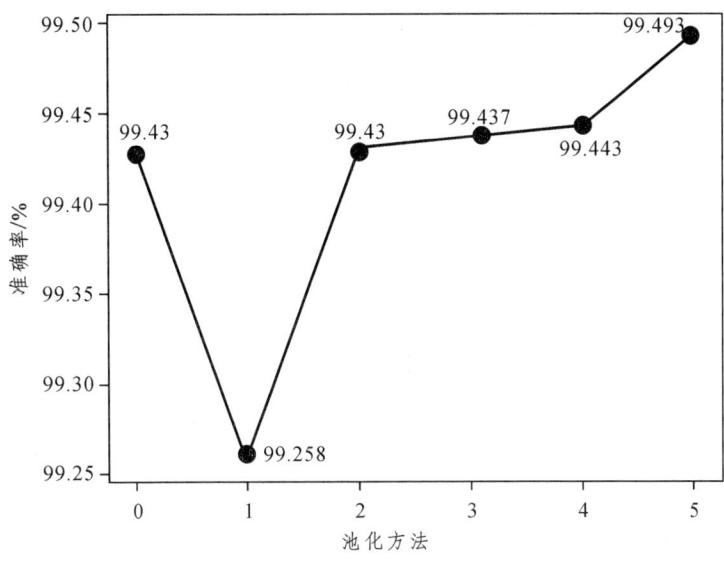

图 2.19 各种池化方法在 MNIST 上的分类实验对比

图中横坐标上 0、1、2、3、4、5 分别代表的是最大池化方法、均值池化方法、L2 池化方法、随机池化、基于序的随机池化和本书提出的混合概率随机池化方法。由图 2.19 可知，所有的池化方法中，本节提出的混合概率随机池化取得了最好的分类效果。与前 5 种池化方法相比，该方法分类的准确率分别提升了 0.063%、0.235%、0.063%、0.056%和 0.05%。均值池化表现出最差的分类效果，L2 池化、随机池化和基于序的随机池化的实验效果略优于最大池化，但结果并不显著。相比之下，最大池化具有计算简单、复杂性低等特点，而混合概率随机池化方法具有效果好、计算稍显复杂等特点。

2. CIFAR10 数据集

CIFAR 10 是 32×32 的三维彩色图数据集，共含有 10 个类别，每个类别含有 50 000 张训练图像，10 000 张测试图像。实验中先将图像数据归一化为[0，1]，然后进行减均值的操作。由于显存限制，CIFAR 10 数据训练中，第一、三卷积层卷积核的大小为 5×5，卷积分别为 16 个、32 个，学习率大小为 0.001，动量（momentum）为 0.9。表 2.4 是 80 个 epoch 后各种不同池化方法在测试集上的最高准确率。图 2.20 是不同池化方法在 CIFAR 10

上的实验结果对比。

表 2.4 不同池化方法在 CIFAR 10、CIFAR 100 上的测试准确率

池化方法	CIFAR 10	CIFAR 100
最大池化	71.30%	38.83%
均值池化	70.71%	38.51%
L2 池化	71.45%	38.87%
随机池化	71.90%	38.94%
基于序的随机池化	72.02%	38.93%
混合概率随机池化	72.25%	39.05%

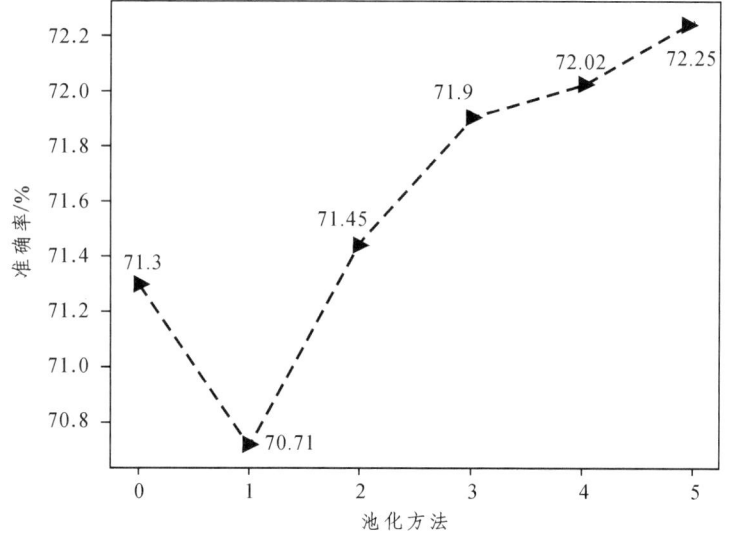

图 2.20 各种池化方法在 CIFAR10 上的分类实验对比

与图 2.19 一样,图 2.20 中横坐标上 0、1、2、3、4、5 分别代表的是最大池化方法、均值池化方法、L2 池化方法、随机池化、基于序的随机池化和混合概率随机池化方法。由图 2.20 可知,所有的池化方法中,混合概率随机池化取得了最好的分类效果。与前 5 种池化方法相比,该方法分类的准确率分别提升了 0.95%、1.54%、0.8%、0.35%和 0.23%。均值池化在所有的池化方法中表现出最差的效果,与最大池化相比也有显著的差异。L2 池化、随机池化和基于序的随机池化的分类效果都优于均值池化和最大池化。

3. CIFAR100 数据集

CIFAR-100 数据集与 CIFAR-10 数据集一样是 32×32 的三维彩色图数据集，但它含有 100 个类别，每个类别含有 500 张训练图像、100 张测试图像。与 CIFAR-10 一样，总共含有 50 000 张训练图，10 000 张测试图，只是此时每个类的训练图像更少，因此从理论上说，测试的准确率相对较低。试验时，CIFAR-100 的卷积网络结构、卷积核大小、学习率等与 CIFAR-10 试验完全一致，但卷结核个数减少为 16、28。训练 80 个 epoch 后各种不同池化方式在测试集上的最佳准确率见表 2.4。图 2.21 所示为不同池化方法在 CIFAR100 上的实验结果对比。

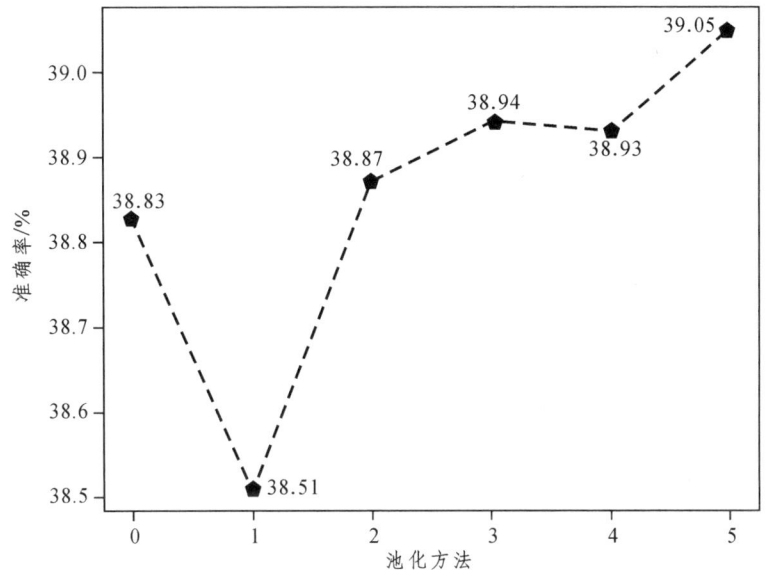

图 2.21 各种池化方法在 CIFAR100 上的分类实验对比

图中横坐标上 0、1、2、3、4、5 表述的意义与图 2.19 和图 2.20 相同。由图 2.21 可知，所有的池化方法中，混合概率随机池化取得了最好的分类效果。与前 5 种池化方法相比，该方法分类的准确率分别提升了 0.22%、0.54%、0.18%、0.11%和 0.12%。均值池化在所有的池化方法中表现出最差的效果，与最大池化相比也有显著的差异。L2 池化、随机池化和基于序的随机池化的分类效果都优于均值池化和最大池化。

通过以上实验分析可知，在不同初始条件下，不同数据集中，混合概率随机池化均能达到更佳的分类效果。所有的池化方法中，均值池化均表现出最差的效果，因此不建议使用该方法。与最大池化相比，各种池化方法均能在一定程度上提升分类效果，但这些池化方法的计算复杂性都略高于最大池化。综上可知，仅从分类效果角度看，混合概率随机池化方法是更合理的卷积神经网络池化方法。

2.2.5 超参数的选择

超参数 β 是混合概率池化方法的关键因子，它是最大池化和随机池化两种方法的调节因素。通过前面的分析可知，β 越大越倾向于最大池化，β 越小（接近 1）越倾向于随机池化。图 2.15 给出 β 取不同值时，池化域元素的概率分布情况，图 2.22 是 β 分别取 {1, 1.3, 1.5, 2, 2.5, 3, 5, 10} 时，在 CIFAR 10 数据集上训练 80 个 epoch 后的测试准确率。不难看出，超参数取 1.5 时，测试准确率最高，达到 72.77%。但这只是在 CIFAR 10 数据集上的结论，对其他数据集则需要通过交叉验证实验得到。

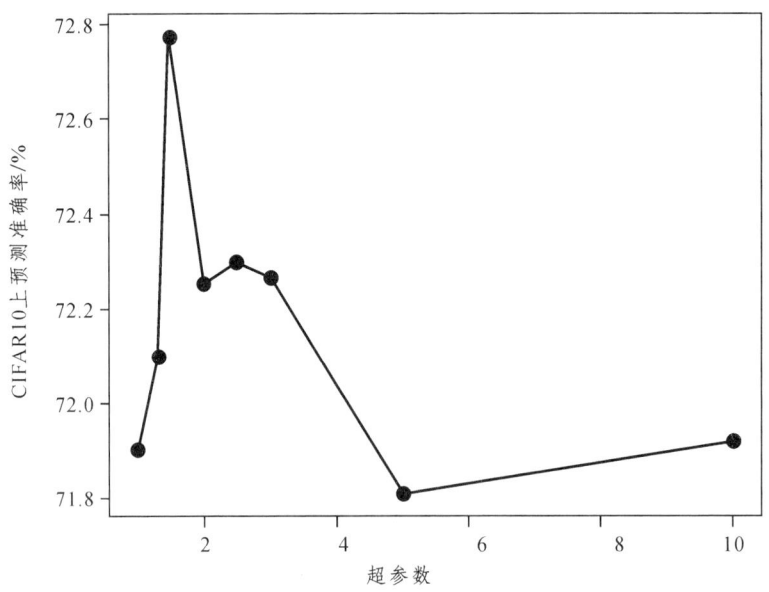

图 2.22　不同超参数下 CIFAR 10 的测试准确率

2.3 生成对抗网络及其改进模型

本节主要介绍生成对抗网络模型及一些相应的改进模型，并对各种模型的原理、损失函数和构造方法进行深入分析，同时对模型的性能也进行相应的实验测试，最后对各生成模型在不平衡数据上的性能进行深入分析和广泛实验。

2.3.1 生成对抗网络 GANs

生产对抗网络是 Goodfellow 在 2014 年提出的一种生成模型。它由一个生成器（Generator，G）和一个判别器（Discriminator，D）构成。生成器的输入为随机噪声向量 z，输出为生成样本 $G(z)$，因此，它是低维隐空间到高维样本空间的一个映射。判别器是一个二分类模型，它的作用是区分生成样本和真实样本。我们可以将生成器比作一个假币制造者，他试图制造看起来尽可能真实的假币；而判别器类似于警察，他努力区分真币与假币。他们不断进行对抗博弈，最终，假币制造者的水平得到极大提高，他制造的假币与真币几乎无异[18]。图 2.23 所示为原始 GANs 模型结构。

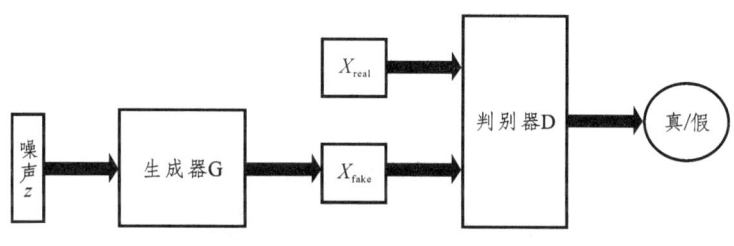

图 2.23　原始 GANs 模型结构示意图

生成器和判别器都是参数化的神经网络，它们在训练中进行最小最大零和博弈。GANs 的优化目标函数表示为

$$\min_G \max_D \{\mathbb{E}_{x \sim p(x)}[\log D(x)] + \mathbb{E}_{z \sim p_z(z)}[\log(1 - D(G(z)))]\} \quad (2.34)$$

式中，$p(x)$ 是真实样本分布；$p_z(z)$ 是隐变量先验分布，通常可假设为高斯分布或者均匀分布。在模型训练中，GANs 采用的是分步训练的策略：先训练判别器 D，再训练生成器 G，如此反复进行，直到收敛。判别器和生成

器的损失函数分别为

$$L_D = \mathbb{E}_{x \sim p(x)}[\log D(x)] + \mathbb{E}_{z \sim p_z(z)}[\log(1-D(G(z)))] \quad (2.35)$$

$$L_G = \mathbb{E}_{z \sim p_z(z)}[\log(1-D(G(z)))] \quad (2.36)$$

由于在训练初期,生成器的生成能力很弱,判别器很容易区分生成样本和真实样本。因此,对于生成样本而言,$D(G(z))$ 接近于 0,导致生成器损失值 $\log(1-D(G(z)))$ 趋于 0,从而使得生成器很难得到训练。为此,使用了另一个等价的生成器损失函数,即

$$L_G = \mathbb{E}_{z \sim p_z(z)}[-\log(D(G(z)))] \quad (2.37)$$

因此,即使是在训练的初期,模型也有误差反向传递回生成器进行模型优化。在生成器与判别器的对抗训练中,生成样本分布 $p_g(x)$ 不断向真实样本分布 $p(x)$ 逼近。理论研究表明:当模型达到均衡时,生成器可以完全拟合真实样本分布,即 $p_g(x) = p(x)$;判别器则不能区分输入的样本是来自真实分布还是生成分布,即 $D(x) = \frac{1}{2}$。因此,生成器可以生成看起来完全真实的样本。图 2.24 所示为 GANs 模型在 MNIST 上的生成样本。原始 GANs 模型生成器和判别器都使用全连接神经网络,因此,生成图像的纹理和清晰度稍差。以下介绍本书研究中涉及的几种 GANs 改进模型。

图 2.24 GANs 模型在 MNIST 上的生成样本

2.3.2 DCGAN 模型

原始 GANs 模型的生成器和判别器都采用了全连接神经网络，虽然计算量小、训练速度快，但生成的图像相对模糊，视觉效果欠佳。Radford 等人认为卷积计算更有利于提取图像的空间信息和边缘特征。因此，利用卷积层替代全连接层，设计了深度卷积生成对抗网络 DCGAN。该模型不仅丰富了生成图像的空间信息，提高了图像的清晰度；同时，模型训练也更加稳定，更容易达到收敛。与原始 GANs 相比，DCGAN 作了以下改变：

（1）生成器和判别器都采用卷积神经网络，其中生成器采用带分数步长的卷积（Fractionally Strided Deconvolution）实现上采样；而判别器中取消了池化层，转而用带步长的卷积层来代替（Strided Convolution）。

（2）除生成器的输入层和判别器的输出层外，其余各层都加入了参数的批量归一化（Batch Normalization，BN）[120]。BN 能确保每层的输入都以 0 为均值，1 为方差。因此，它有助于降低模型对参数初始化的依赖，有助于防止梯度消失；同时也能提高生成样本的多样性和训练的稳定性。

（3）取消判别器的全连接层。全连接层虽然训练简单，但是也放缓了模型的收敛速度。因此，判别器的最后一个卷积层展开成向量后直接连接一个单节点输出层。

（4）对于生成器，除输出层采用 tanh 或 sigmoid 激活函数外，其他各层均采用 ReLU 函数；对于判别器，除最后一层采用 sigmoid 激活函数外，其他层均采用 LReLU 函数。

图 2.25 所示为 DCGAN 模型在 MNIST 上的生成样本示意图。显然，与 GANs 生成的样本，DCGAN 生成的样本轮廓更加清晰、流畅。这是因为卷积计算具有更强的边缘特征提取和细节处理能力。

图 2.25　DCGAN 模型在 MNIST 上的生成样本

2.3.3　CGAN 模型

原始 GANs 属于无监督学习模型,因此,它生成图像的类别是不受控制的。条件生成对抗网络 CGAN 在 GANs 的基础上引入了图像的类别信息,最终在全监督的条件下生成类别可控的样本。图 2.26 所示为 CGAN 模型结构。

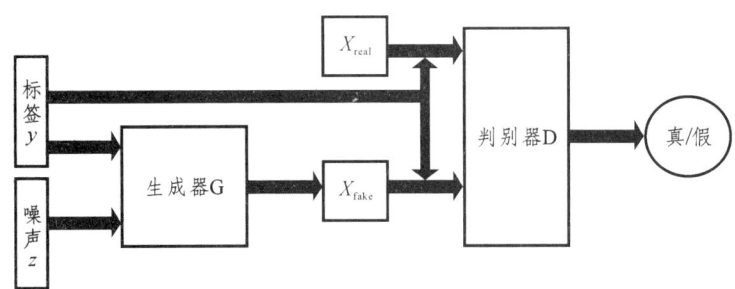

图 2.26　CGAN 模型结构

CGAN 模型在生成器和判别器中都引入了图像的标签信息,其对抗训练的目标函数表示为

$$\min_G \max_D \{\mathbb{E}_{x \sim p(x)}[\log D(x \mid y)] + \mathbb{E}_{z \sim p_z(z)}[\log(1 - D(G(z \mid y)))]\}$$

（2.38）

与原始 GANs 不同，CGAN 模型中判别器的输入包含两类样本与标签构成的联合分布：真实样本与对应的标签之间的联合分布，以及标签与对应的条件生成样本之间的联合分布。因此，当模型达到平衡时，联合分布相等，进而可以推导出边缘分布也相等。故 CGAN 模型的目标函数也可以表示为

$$\min_G \max_D \{\mathbb{E}_{(x,y) \sim p(x,y)}[\log D(\boldsymbol{x},\boldsymbol{y})] + \mathbb{E}_{(x',y) \sim p_g(x,y)}[\log(1 - D(\boldsymbol{x}',\boldsymbol{y}))]\} \quad (2.39)$$

式中，$\boldsymbol{x}' = G(\boldsymbol{y}, \boldsymbol{z})$ 表示生成样本；$p_g(\boldsymbol{x}, \boldsymbol{y}) = p_g(\boldsymbol{x}|\boldsymbol{y})p(\boldsymbol{y})$。所以，条件生成样本的类别可以通过生成器的输入标签进行控制。图 2.27 所示为 CGAN 模型在 MNIST 上的生成样本（使用全连接网络）。显然，生成样本的类别得到了控制。

图 2.27　CGAN 模型在 MNIST 上的生成样本

由图 2.27 可知：

（1）生成样本的类别得到控制，可以通过输入标签 $\boldsymbol{y}$ 调整想要生成的任意类别样本。在该图中，第 1~9 列分别是不同的 9 个类别，均可以通过

标签的 one-hot 形式调节。有了该性质，越来越多的学者将这类生成网络应用到不平衡数据集中，通过生成少数类来重平衡数据集，从而提高不平衡数据的分类。

（2）生成的样本轮廓及清晰度都欠佳，这主要是因为训练中采用了全连接网络。

2.3.4 ACGAN 模型

与 CGAN 一样，辅助分类器生成对抗网络 ACGAN 也属于全监督生成模型，也被广泛应用于样本可控性生成。图 2.28 所示为 ACGAN 模型结构。

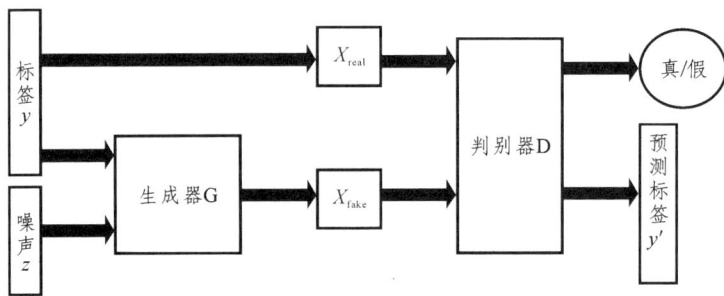

图 2.28 ACGAN 模型结构

从模型结构上看，ACGAN 与 CGAN 模型相同之处是生成器的输入都是隐变量和标签变量的组合。但二者又有明显不同，ACGAN 中判别器的输入为真实样本与生成样本，而 CGAN 中判别器的输入为样本以及对应的标签；另外，ACGAN 模型的判别器除判断输入样本的真假属性外，还对样本的标签进行预测。因此，训练完成后，ACGAN 模型还可以用于图像分类。

ACGAN 模型对抗训练的目标函数分为两部分：一部分是样本真假属性判别误差 L_S；另一部分是样本分类误差 L_C。其表达式分别为

$$L_S = \mathbb{E}[\log P(S = \text{real} | \boldsymbol{X}_{\text{real}})] + \mathbb{E}[\log P(S = \text{fake} | \boldsymbol{X}_{\text{fake}})] \qquad (2.40)$$

$$L_C = \mathbb{E}[\log P(C = c | \boldsymbol{X}_{\text{real}})] + \mathbb{E}[\log P(C = c | \boldsymbol{X}_{\text{fake}})] \qquad (2.41)$$

模型通过最大化 $L_S + L_C$ 来训练判别器 D，最大化 $L_S - L_C$ 来训练生成器 G。图 2.29 所示为 ACGAN 模型在 MNIST 上的生成样本（使用卷积网络）。

同样，生成样本的类别也是可控的。

图 2.29　ACGAN 模型在 MNIST 上的生成样本

与 CGAN 模型一样，ACGAN 生成样本的可控性较好，同时由于采用了卷积网络，因此生成样本的边缘信息更加丰富。需要注意的是，在生成的样本中，有部分样本是难以辨识的，例如第 7 行的数字 5 的识别性较差。因此，当使用 ACGAN 模型作为过采用方法，最后在不平衡数据上的分类效果不会很好，因此存在大量的"欺骗性"样本，如何减少这类样本的干扰将在第 3 章进行介绍。

2.4　生成对抗网络在不平衡数据上的性能分析

由于优异的样本生成能力，生成对抗网络常常被视为一种数据增强工具用于解决不平衡数据的分类问题。一种常见的方式是先在不平衡数据集上训练 GANs 模型；然后再利用学习好的模型生成少数类样本以平衡数据集；最后再采用 CNN 模型对重平衡后的数据集进行分类训练。整个训练模式中，最关键一环是 GANs 生成的样本要具有可控性和多样性。首先，可控性可满足生成的样本是需要的少数类，而不是其他类别。反之，若生成的样本不具备可控性或可控性不佳，则利用这类生成样本重平衡数据集将会给最终训练的分类模型带来灾难性的后果（性能显著低于不平衡数据训练出来的分类模型）。其次，多样性可增加少数类样本的丰富程度，因此利用这类样本重平衡数据集可显著提高不平衡数据的分类效果，反之，若生成的样本多样性不足，则重平衡后的数据集也仅仅是增加了少数类样本的数量而已（分类效果并无提升）。当前，学者们对 GANs 的可控性和多样性进行了丰富的研究，但这些研究几乎都是针对均衡数据讨论的，对不平衡数据集并无涉及。因此，一个由此而产生的问题就是：不平衡数据集对 GANs 的生成性能是否会有显著影响？如果有，又是怎样的影响？这将是一个全新的课题和研究方向。该问题也直接涉及利用 GANs 解决不平衡数据分类问题的根本。本节就 GANs 在不平衡数据集上的性能展开分析，为下一步的研究做好铺垫。

2.4.1 不平衡数据集类型

不平衡数据集可分为两类：不平衡二分类和不平衡多分类。不平衡二分类是工程应用中常见的一种不平衡数据关系，例如在脉冲星候选体数据集、癌症病例检测、欺诈检测中都大量存在。二分类是多分类的一种特殊情况，因此，在生成对抗网络可控性分析问题上，我们仅对不平衡多分类展开研究。

对多分类的不平衡数据集，根据类别不平衡关系，可将其划分为跳跃式不平衡和渐进式不平衡两类[33]。跳跃式不平衡是指数据集中含有多个少数类和多个多数类，但少数类和多数类的样本数量并不相同。这种类型不平衡数据集可以用两个参数来描述，其中一个是少数类样本的类别数在总类别中的比重，即

$$\mu = \left| \frac{\{i \in \{1,2,\cdots,N\} : C_i \text{是少数类}\}}{N} \right| \quad (2.42)$$

式中，C_i 是少数类样本的类别总数；N 是不平衡数据集中的总类别数。第二个参数是多数类样本中含有的样本数与少数类样本中含有的样本数的比值，即

$$\rho = \frac{\max X_i \{C_i\}}{\min X_i \{C_i\}} \tag{2.43}$$

因此，在跳跃式不平衡数据集的构造方面，在 MNIST 数据上分两组实验进行。

第一组：固定少数类样本数为 100，然后再取参数 $\mu=0.5$，ρ 分别取 $\rho=5,10,30,50$ 构造了四组数据集，即四组不平衡数据集中各类样本数量依次为 $\{(100,500),(100,1\ 000),(100,3\ 000),(100,5\ 000)\}$。数据集的标签和样本数如图 2.30 所示。图 2.30（a）中前 5 个为少数类，每个类 100 个样本，后 5 个类为多数类，每个类 500 个样本；同样地，图 2.30（b）中多数类含 1 000 个样本，图 2.30（c）中多数类含 3 000 个样本，图 2.30（d）中多数类含 5 000 个样本。该组实验是为观察少数类样本数不变的情况下，随着多数类样本的增加，条件生成对抗网络在少数类和多数类上生成样本的可控性变化。

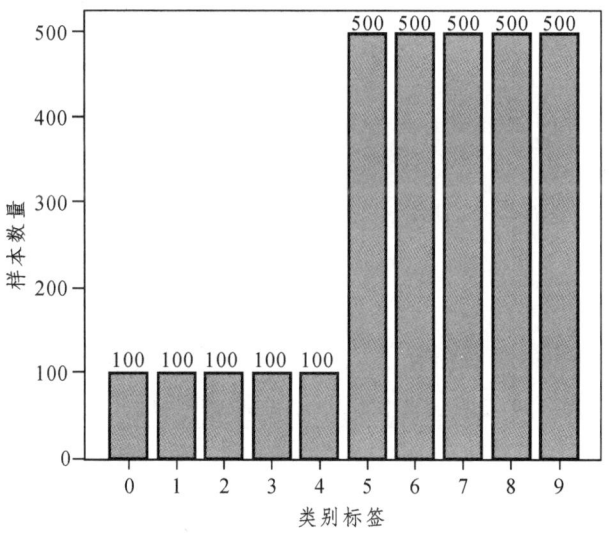

(a) 少数类 100 个，多数类 500 个样本

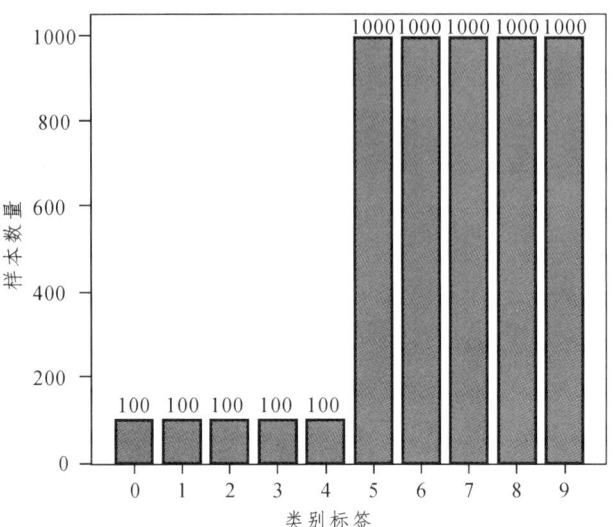

(b)少数类100个,多数类1 000个样本

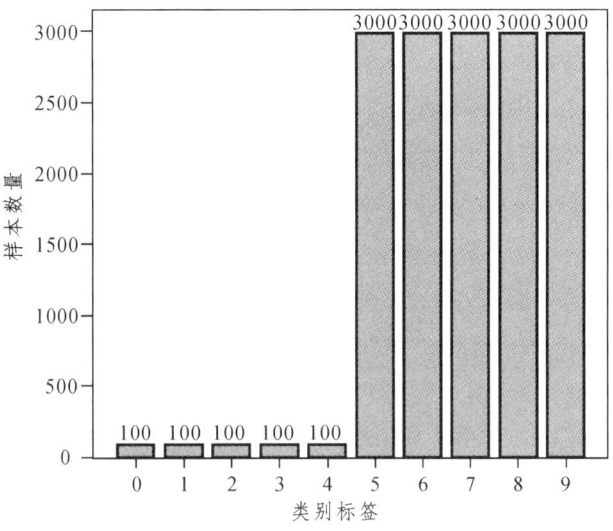

(c)少数类100个,多数类3 000个样本

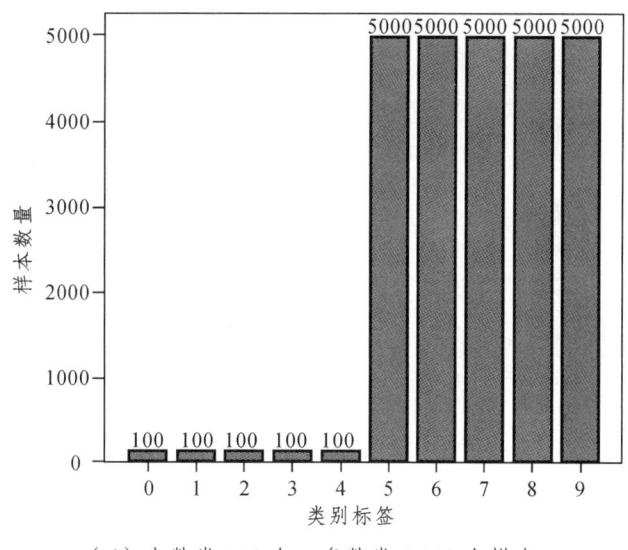

（d）少数类 100 个，多数类 5 000 个样本

图 2.30　实验中 MNIST 上的跳跃式不平衡数据集（固定少数类为 100）

第二组：固定多数类样本数为 5 000，然后再取参数 $\mu=0.5$，ρ 分别取 $\rho=50,10,5,2.5$ 构造了四组数据集，即四组不平衡数据集中各类样本数量依次为 $\{(100,5\,000),(500,5\,000),(1\,000,5\,000),(2\,000,50\,00)\}$。数据集的标签和样本数如图 2.31 所示。图 2.31（a）中前 5 个为少数类，每个类 100 个样本，后 5 个类为多数类，每个类 5 000 个样本；同样地，图 2.31（b）中少数类含 500 个样本，图 2.31（c）中少数类含 1 000 个样本，图 2.31（d）中少数类含 2 000 个样本。该组实验是为观察多数类样本数不变的情况下，随着少数类样本的增加，条件生成对抗网络在少数类和多数类上生成样本的可控性变化。

渐进式不平衡数据集是指样本数从最少的类到最多的类呈现逐步、依次增加或减少趋势的数据集。这类不平衡数据集只需要用一个参数来描述，即 ρ。图 2.32 描述的是实验中构造的两种渐进式不平衡数据集的类别和每个类别的样本数。图 2.32（a）为渐进式增加，样本最少的是类别 0，含 500 个样本，最多的是类别 9，含 5 000 个样本；图 2.32（b）为渐进式递减的不平衡数据集，样本最多的是类别 0，含 5 000 个样本，最少的是类别 0，含 500 个样本。

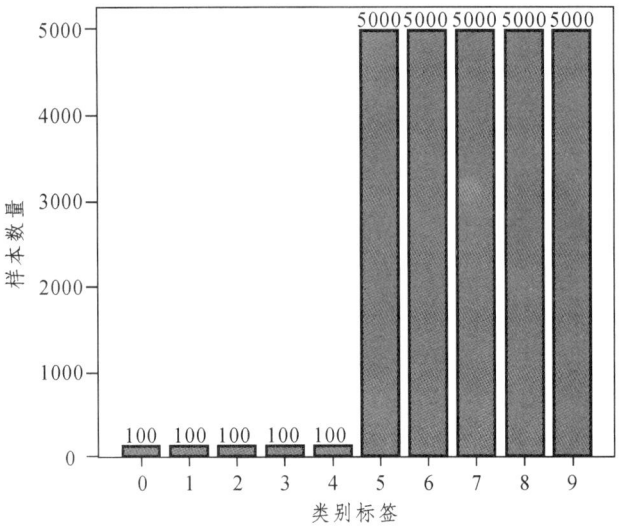

(a) 少数类 100 个,多数类 5 000 个样本

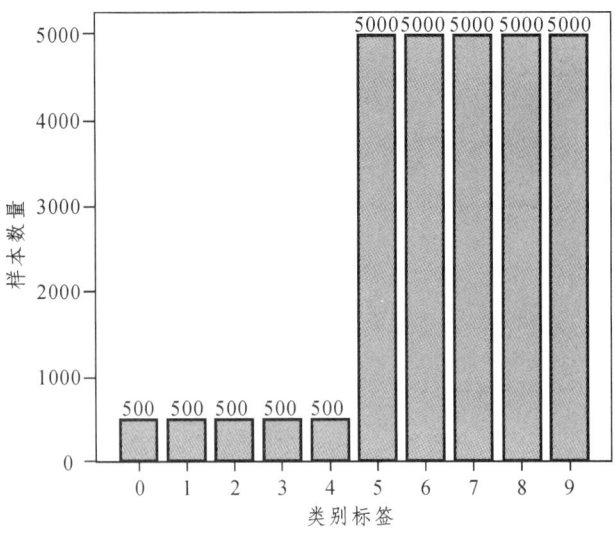

(b) 少数类 500 个,多数类 5 000 个样本

第 2 章 神经网络与生成式对抗网络

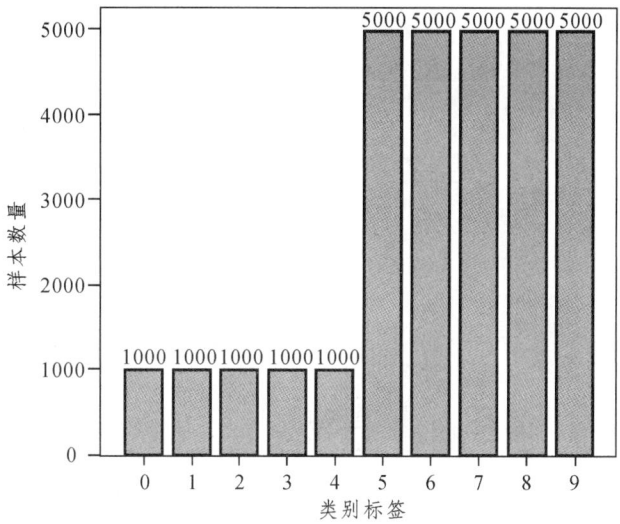

（c）少数类 1 000 个，多数类 5 000 个样本

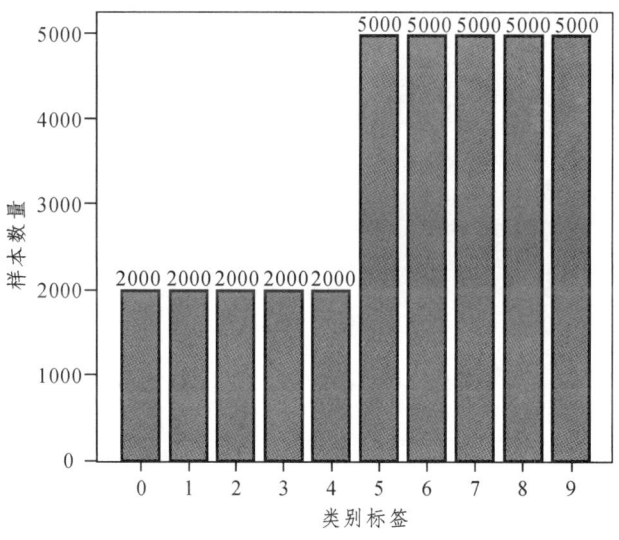

（d）少数类 2 000 个，多数类 5 000 个样本

图 2.31 实验中 MNIST 上的跳跃式不平衡数据集（固定多数类为 5 000）

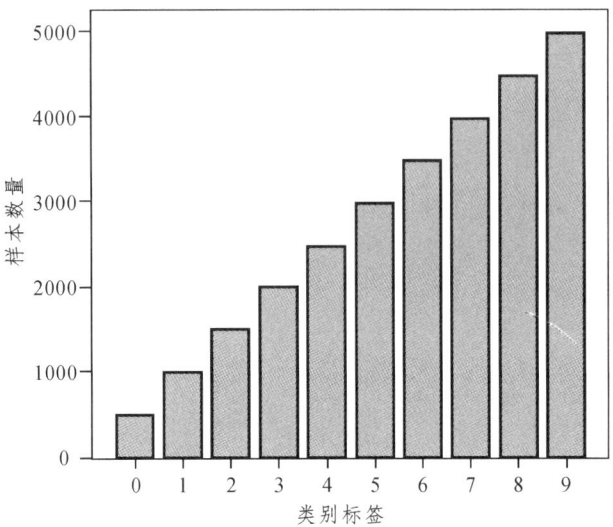

(a) $\rho=10$ 时渐进式增加的不平衡数据集

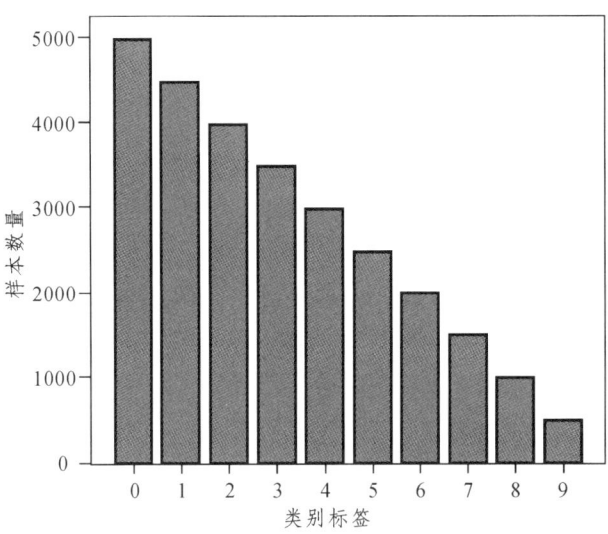

(b) $\rho=10$ 时渐进式减少的不平衡数据集

图 2.32 实验中 MNIST 上的渐进式不平衡数据集

除了在 MNIST 数据上进行上述构造的数据实验外,同样也在 SVHN 上构造了相同的不平衡数据集并进行相应的实验。实验中,每组不平衡数据集都进行了 5 次相同的实验并得到最终的结果。

2.4.2 网络结构与性能度量

考虑对三种生成对抗网络模型(分别是 GANs、CGAN 和 ACGAN)的生成样本可控性与多样性进行分析,数据集分别选择 MNIST 和 SVHN。图 2.33~图 2.35 依次为 GANs、CGAN 和 ACGAN 三种模型在 MNIST 上的生成器和判别器模型结构。

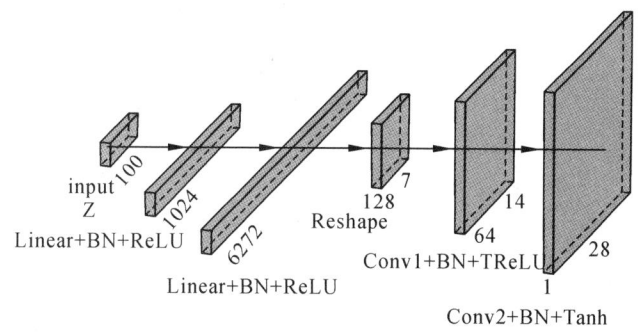

(a) GANs 模型在 MNIST 上的生成器结构

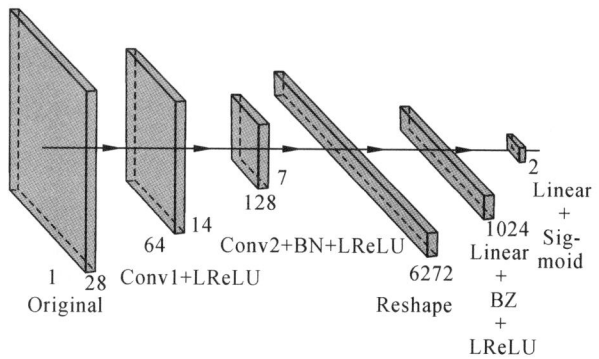

(b) GANs 模型在 MNIST 上的判别器结构

图 2.33 GANs 模型在 MNIST 上的模型结构

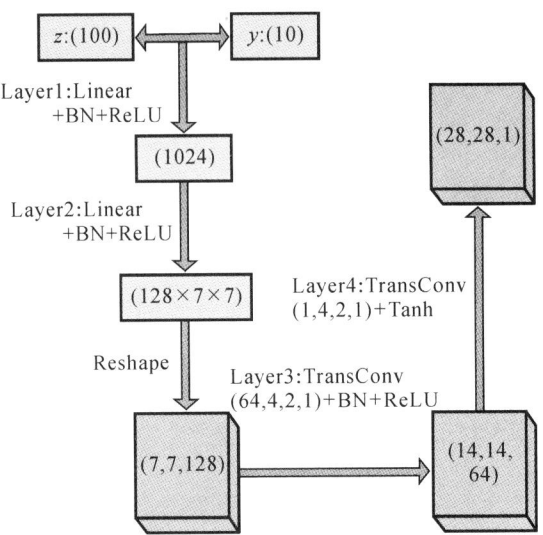

（a）CGAN 模型在 MNIST 上的生成器结构

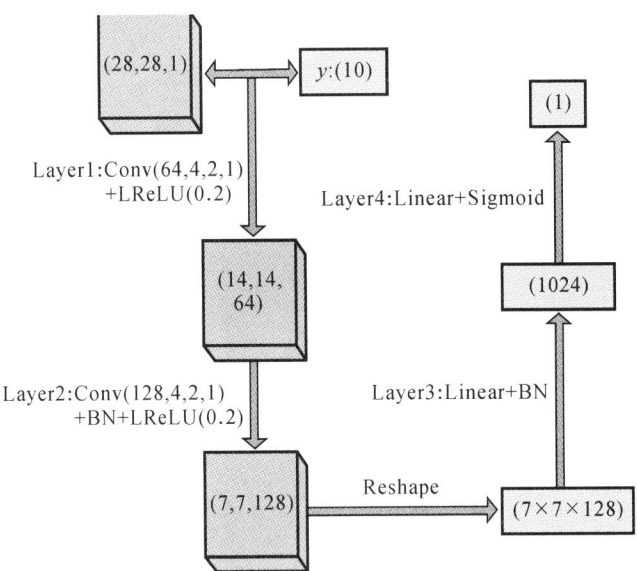

（b）CGAN 模型在 MNIST 上的判别器结构

图 2.34　CGAN 模型在 MNIST 上的模型结构

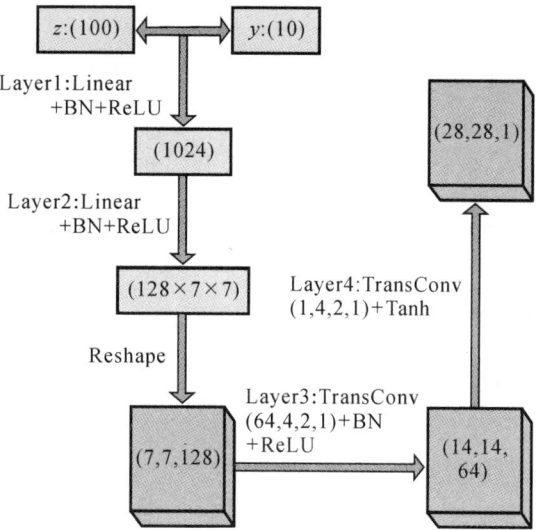

(a)ACGAN 模型在 MNIST 上的生成器结构

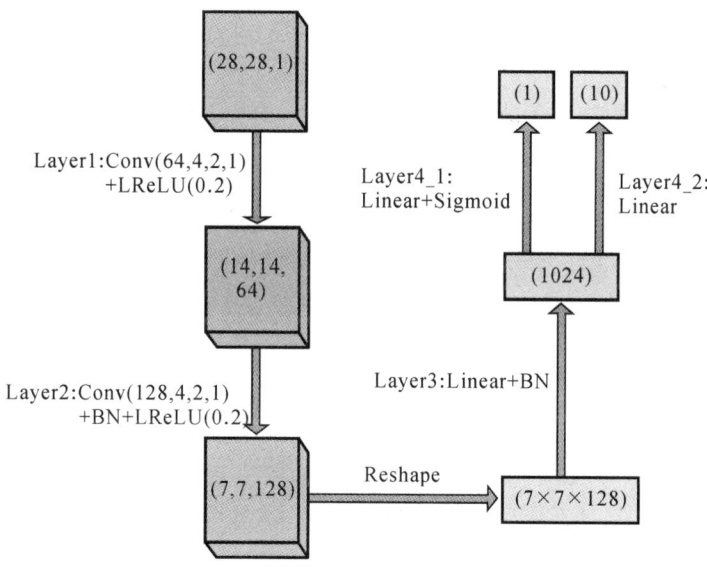

(b)ACGAN 模型在 MNIST 上的判别器结构

图 2.35　ACGAN 模型在 MNIST 上的模型结构

CGAN 和 ACGAN 模型在生成器上的网络结构是一致的，它们都在生成器的输入层引入了样本标签 y；而在判别器上，两种模型结构是不同的。CGANs 中判别器的输入层是真实样本与标签的联合 (x, y) 和条件生成样本与标签的联合 (x', y)，最后输出层是对两类联合的真/假判断（二分类）。ACGAN 中判别器的输入层是真实样本 x 和生成样本 x'，而输出层包括对输入样本的真/假判断以及分类两个模型。因此，ACGAN 模型训练完成后，其判别器也具备分类功能。GANs 模型的生成器以随机噪声 z 作为输入，输出生成样本 x'；而判别器以真实样本 x 和生成样本 x' 为输入，输出为样本的真/假判断。GANs 模型在生成器和判别器中均为引入样本标签属性，因此并不具备类别可控样本生成的性质。故而在实验中，为验证 GANs 模型生成样本的可控性和多样性，将该模型在每组不平衡数据集的每个类别下进行单独训练并生成相应的样本。

对于性能度量：考虑的是条件生成对抗网络的生成样本可控性与多样性，这方面的性能度量一直是 GANs 相关研究的重点和难点。本书拟采用一种新的度量方式进行分析。

对于可控性：拟采用预先训练好的近似"完美"的分类器对生成样本进行分类的方式进行度量。分类器的网络结构如图 2.36 所示。

在 MNIST 数据上，利用全部的 60 000 个训练样本进行分类器模型训练，最终在测试集上得到的准确率为 99.70%。这是一个近乎完美的分类器模型，因此，利用该分类模块对生成样本进行分类的结果是高度可信的。生成样本的可控性越好，则在该"完美"分类器下得到的分类准确率也就越高，需要注意的是，这并不一定意味着生成样本的多样性越好。

对于多样性：多样性是指生成的样本要有足够的代表性，可以近似表示真实样本在高维空间上的分布。"模式坍塌"是 GANs 面临主要困境之一。它是指模型为了生成的样本更加"安全"，迫使生成器生成的样本迎合判别器的判断标准，从而导致最终生成器收敛于一个"集中点"。最终，生成的样本集中到某一种特殊的类型而严重缺乏多样性。这种情况下，模型虽然也能生成样本，但由于不具备多样性，导致其在实际工程应用中并无太大价值。例如在不平衡数据分类中，由于生成样本不具备多样性，

第 2 章 神经网络与生成式对抗网络

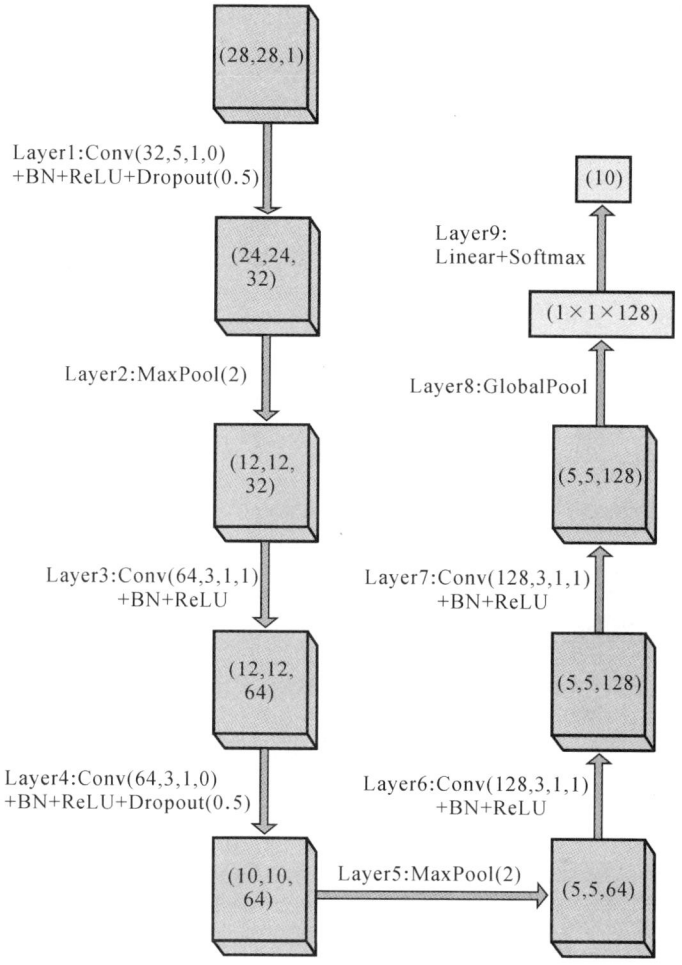

图 2.36 MNIST 上预先训练的分类器网络结构

因此增加的样本只是对原有样本的简单重复（类似于随机过采样），最终不仅不会提高分类效果，反而容易导致分类模型出现过拟合。对样本多样性的度量一直是 GANs 研究中的一个难点，本书拟采用一种新的方式度量生成样本的多样性。将生成样本看成训练数据集，用于训练卷积神经网络分类模型，并在原来测试集上观察最终得到的分类效果。当生成样本的多样性丰富时，训练后的模型在测试集上得到的分类效果越好（最理想的情况是得到的准确率与原始训练数据集得到的效果相当），反之亦然。最后，将生成样本训练后的分类准确率与原始样本训练得到的分类准确率进行比较，以进一步量化结果。

2.4.3 生成对抗网络在跳跃式不平衡数据集上的性能分析

（1）在 MNIST 数据上观察生成模型在第一组跳跃式不平衡数据集上的性能。下面从观察生成样本质量、分析生成样本可控性和讨论生成样本多样性三方面展开介绍。

①观察模型生成样本情况。

图 2.37 所示为 GANs 模型在不平衡数据集下生成的样本（即少数类为 0~4，含 100 个样本；多数类为 5~9，含 500 个样本）。

（a）生成类别 0

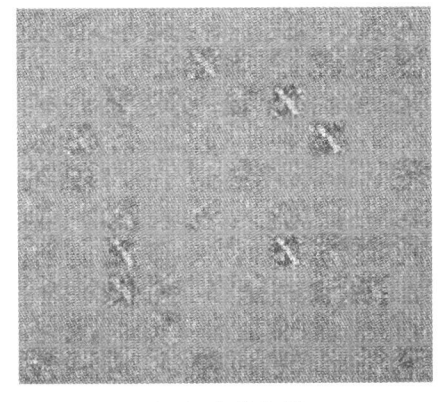

（b）生成类别 1

（c）生成类别 2

（d）生成类别 3

（e）生成类别 4　　　　　　　　　（f）生成类别 5

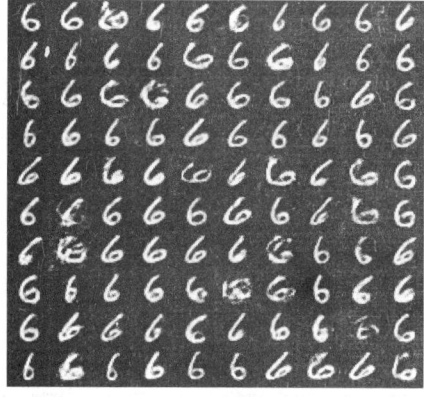
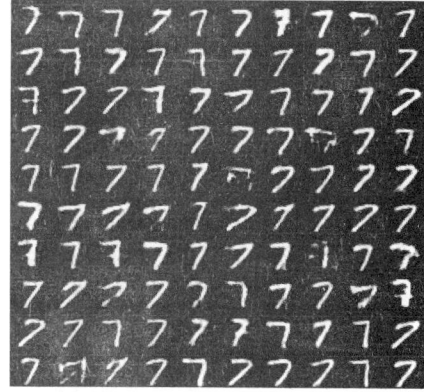

（g）生成类别 6　　　　　　　　　（h）生成类别 7

（i）生成类别 8　　　　　　　　　（j）生成类别 9

图 2.37　GANs 模型在不平衡数据集 100~500[图 2.30（a）]下的生成样本

由图 2.37 可知：显然，对于少数类样本（0~4 类），GANs 生成的样本是完全失效的，这主要是样本太少（100 个）导致的。而对于多数类样本（5~9 类），GANs 生成的样本基本有效，这主要是因为多数类中含有 500 个训练数据，但同时，GANs 在多数类上的效果并非绝对有效，即可控性较差。图 2.38 和图 2.39 分别是 CGAN、ACGAN 模型在图 2.30 中四种不平衡数据集下的生成样本。

（a）100~500 下的生成样本

（c）100~3 000 下的生成样本

（b）100~1 000 下的生成样本

（d）100~5 000 下的生成样本

图 2.38　CGAN 模型在各种不平衡数据集（图 2.30）下的生成样本

由图 2.38 可知：

a. 与 GANs 生成样本不同，CGAN 模型在所有不平衡比下都能生成样本（包括多数类和少数类），这是因为 CGAN 模型中引入了样本的标签属性，可控性更强。

b. 随着多数类（5~9 类）的样本数量从 500 增加到 5 000，CGAN 模型生成的多数类样本更加清晰，视觉效果也更优，可控性也更强。

c. 随着不平衡比 ρ 的增大，生成的少数类（0~4 类）样本的可控性、清晰度和视觉效果都没有太大变化，这表明直观上 CGAN 模型并未受到数据不平衡关系的太大干扰。

（a）100~500 下的生成样本

（b）100~1 000 下的生成样本

（c）100~3 000 下的生成样本

（d）100~5 000 下的生成样本

图 2.39　ACGAN 模型在各种不平衡数据集（图 2.30）下的生成样本

由图 2.39 可知：

a. 与 GANs 生成样本相比，ACGAN 模型在所有不平衡比下都能生成样本（包括多数类和少数类），这是因为 ACGAN 模型中引入了样本的标签属性，因此可控性更强。

b. 随着多数类（5~9 类）的样本数量从 500 增加到 5 000，ACGAN 模型生成的多数类样本更加清晰，视觉效果也更优，可控性也更强。

c. 随着不平衡 ρ 比的增大，生成的少数类（0~4 类）样本的可控性、清晰度和视觉效果都在急剧下降。

由图 2.39（c）、图 2.39（d）可知：在高度不平衡下，少数类生成样本的图片质量和可控性都极差。图 2.39（c）中对 2 和 3 两个类别的生成样本几乎是不可见的；而图 2.39（d）中类别 0、2、3、4 的生成样本都是完全错误的，具体表现为将类别 0 生成为类别 5、将类别 2 生成为类别 6、将类别 4 生成为类别 9。因此，与 CGAN 模型相比，ACGAN 模型受数据的不平衡性影响较大。

综上可知：

a. 对 GANs 模型而言，由于生成器和判别器中缺乏标签属性，导致样本的空间分布更大，模型需要更多的数据以学习样本分布。

b. CGAN 和 ACGAN 都在生成器和判别器中引用了标签属性，因此缩小了样本的空间分布，仅需要少量的标签便可学习到样本分布并生成可控性较好的样本。

c. CGAN 和 ACGAN 两种模型相比，ACGAN 受数据不平衡比 ρ 的影响更大。因此，在高度不平衡比条件下，CGAN 是一种更好的数据增强方法。

② 分析模型生成样本的可控性。

利用训练好的卷积神经网络模型对各生成模型生成的样本进行分类，以分析各生成模型的可控性。对于 GANs 模型，由于该模型在不平衡数据集（图 2.30）下的少数类样本生成是完全失效的，在这种情况下我们没有考虑 GANs 的可控性。对于 CGAN 和 ACGAN 模型，在不平衡比数据集上训练模型并生成 1 000 个（每个类别）样本。由于数据集的前 5 个类是少数类，后 5 个类是多数类,因此,我们分别计算了两种模型在不同不平衡数据集下少数类和多数类的平均准确率并进行比较(每组结果均为5次相同实验的平均)。

图 2.40 和图 2.41 分别是 CGAN 和 ACGAN 模型在图 2.30 数据集下生成样本的多数类、少数类和总体平均准确率。

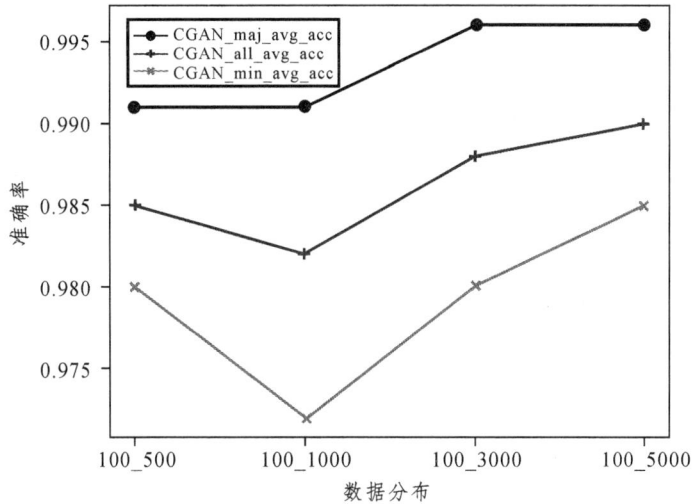

图 2.40　CGAN 模型在数据集(图 2.30)上生成样本的分类准确率

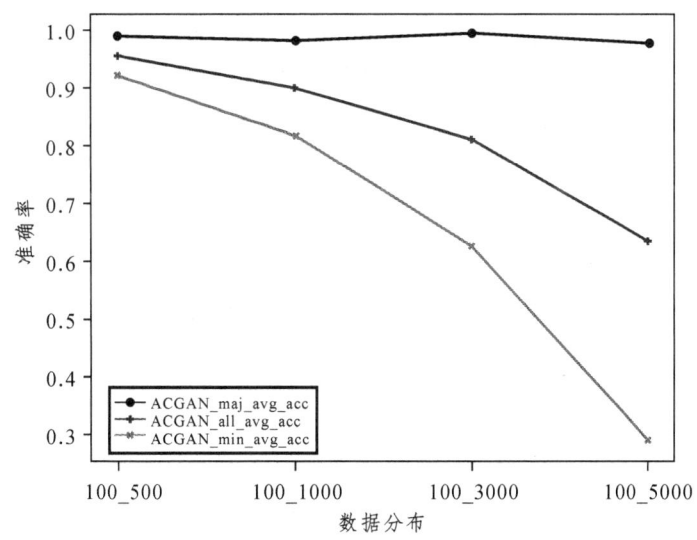

图 2.41　ACGAN 模型在数据集(图 2.30)上生成样本的分类准确率

由图 2.40 可知：CGAN 模型生成的样本中，多数类和少数类样本的可控性存一定的差异且多数类显然更好。随着不平衡的增大，多数类和少数类的生成样本的可控性并无明显变化，因此 CGAN 模型受不平衡比影响较小。

由图 2.41 可知：在 ACGAN 模型生成的样本中，多数类和少数类生成样本的可控性存在较大的差别。随着不平衡比的增加，多数类样本的可控性并无太大变化而少数类样本的可控性急剧下滑，因此 ACGAN 模型受不平衡比影响较大。表 2.5 和表 2.6 分别是图 2.40 和图 2.41 对应的平均准确率和标准差。

表 2.5　CGAN 在图 2.27 数据集上的生成样本分类准确率与标准差

数据分布	多数类准确率/%	总体准确率/%	少数类准确率/%
100~500	99.06±0.174 4	98.85±0.248 2	97.96±0.427 1
100~1 000	99.14±0.313 7	98.18±0.406 4	97.16±0.741 9
100~3 000	99.64±0.049	98.84±0.361 1	98±0.684 1
100~5 000	99.58±0.098	99.02±0.397	98.5±0.809 9

表 2.6　ACGAN 在图 2.27 数据集上的生成样本分类准确率与标准差

数据分布	多数类准确率/%	总体准确率/%	少数类准确率/%
100~500	98.88±0.733 2	95.54±1.968 3	92.12±4.013 7
100~1 000	98.04±1.688 3	89.86±6.889 9	81.7±12.783 3
100~3 000	99.36±0.338 2	80.98±12.652 8	62.62±25.008 4
100~5 000	97.66±1.059 4	63.36±4.736 5	29.04±9.125 9

由表 2.5 可知：对于 CGAN 模型，随着不平衡比的增加（多数类训练样本的增加），多数类对应的生成样本的可控性有缓慢增强，同时少数类对应的生成样本可控性也有加强的趋势，从数据分布为 100~500 时的 97.96% 到 100~5 000 时的 98.5%。整体来看，CGAN 模型在少数类和多数类上的表

现都比较好，多数类相对更好一些；从波动性来看，多数类样本的波动性要略小于少数类样本，整体差别也不大，少数类的标准差分别为 0.427 1、0.741 9、0.684 1 和 0.809 9。随着不平衡比的增加，少数了生成样本的波动在缓慢提升。

由表 2.6 可知：对于 ACGAN 模型，随着多数类样本的增加（少数类保持不变），多数类对应的生成样本的准确率略有变化，但影响不大；另一方面，ACGAN 模型对少数类生成样本的可控性显著减弱，少数类生成样本的识别率从数据分布为 100~500 时的 92.12%到数据分布为 100~5 000 时的 29.04%，下降非常明显。从波动性看，ACGAN 在多数类上波动性较小，相对比较稳定；但对少数类样本的标准差从数据分布为 100~500 时的 4.013 7 到数据分布为 100~5 000 时的 9.125 9，因此 ACGAN 在少数类上生成样本的稳定性也是极差的。

综上可知，ACGAN 模型对不平衡数据集中少数类样本不仅可控性较差，同时也极为不稳定，这是 ACGAN 模型应用于非平衡数据分类时需要改进的。图 2.42 和图 2.43 分别是 CGAN 和 ACGAN 模型在数据分布为 100~3 000 时的 5 次实验结果。

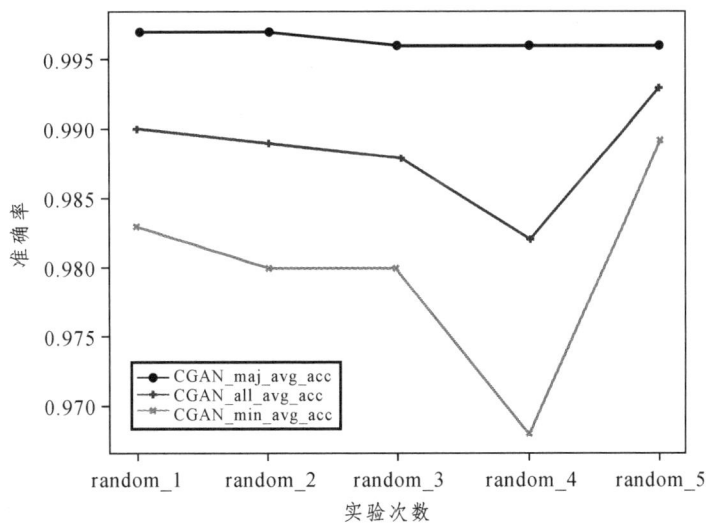

图 2.42　CGAN 模型在数据分布为 100~3 000 时的 5 次实验结果

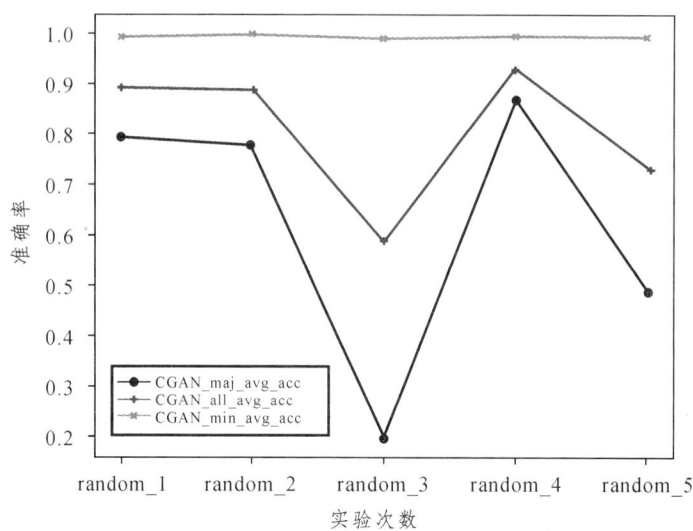

图 2.43 ACGAN 模型在数据分布为 100~3 000 时的 5 次实验结果

因此，综合上述实验可知：对于不平衡数据集，CGAN 模型的生成样本不管是可控性还是稳定性都优于 ACGAN 模型，尤其是对于不平衡程度越高的数据集，这种差异越显著。

③ 分析模型生成样本的多样性。

对生成样本多样性的分析可以从两个维度展开讨论：一是生成样本是否能够替代原始训练样本；二是生成样本是否是对原始样本多样性的进一步补充。这是两个不同的问题，也是两个不同的角度。

第一个维度重点讨论的是生成的样本是否与原始训练样本一样，是样本空间分布上的一系列采样点。如果回答是肯定的，那么利用生成样本训练卷积神经网络模型并在测试集上得到的效果应该与同等样本数的原始训练样本得到的效果相似。第二个维度讨论的是生成样本是否可以进一步补充训练样本的多样性，而不仅仅是对原始训练样本的重复生成。两个方面都是对生成样本可控性的分析，角度不同，设计的实验方案也不一样。

对第一个问题的实验设计为：首先，利用生成模型在不同不平衡数据集上生成样本（每个类 1 000 个）；然后，再用生成的样本训练 CNN 模型，并在测试集进行分类对比。测试集上的分类准确率越高,说明生成的样本多样性也就越丰富。

对第二个问题的实验设计为:首先,利用生成模型在不同不平衡数据集上生成的样本去重平衡训练数据集;然后,再使用重平衡后的数据集训练 CNN 模型,并在测试集进行分类对比。测试集上的分类准确率如果没有明显变化,则说明生成的样本只是对原有样本的重复,而非对其多样性的进一步补充;反之,如果效果有显著提升,则说明生成样本是对原有样本多样性的充实,这也是生成模型希望实现的效果。第一组实验(图 2.30)是固定少数类样本为 100,而多数类样本数量在不断变化,因此,在这组实验中仅考虑第一个维度的多样性分析,而对第二个维度的多样性分析将在第二组实验(图 2.31)中进行。图 2.44 和图 2.45 是利用 CGAN 和 ACGAN 模型生成的 10 000 个样本对测试集进行分类的结果(5 次实验的平均)。

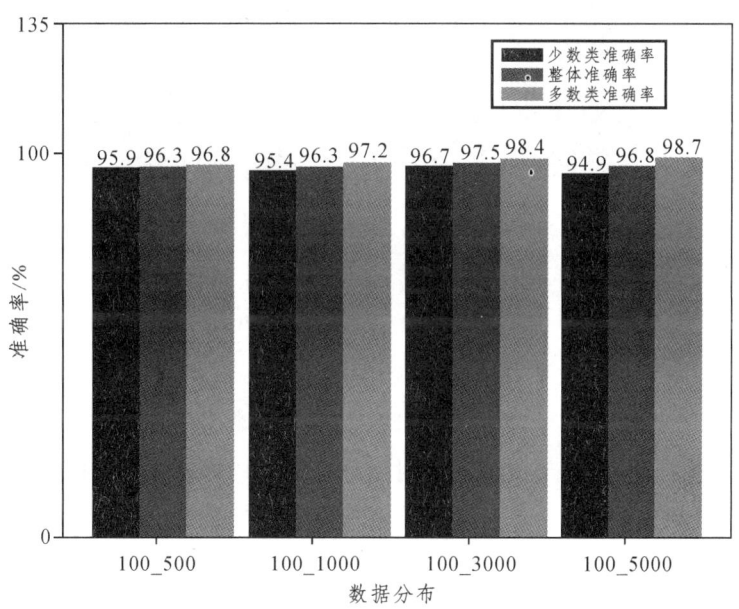

图 2.44 利用 CGAN 模型生成样本分类测试集的效果

由图 2.44 可知:对于 CGAN 模型而言,当少数类样本保持不变,多数类样本增加时，生成的多数类样本对测试集的分类准确率略有增加，而少数类样本对测试集的分类准确率缓慢下降。这意味着，随着不平衡比的增加，多数类样本的多样性在缓慢提高，而少数类的多样性在下降。总体而言，随着不平衡比的提高，多数类和少数类的多样性的变化并不明显。因此，CGAN 模型生成样本的多样性对不平衡数据具有较强的适应能力。

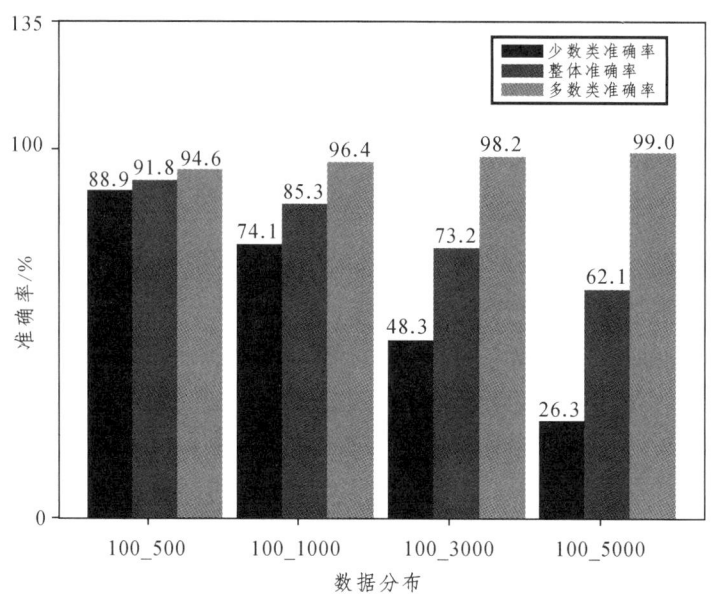

图 2.45　利用 ACGAN 模型生成样本分类测试集的效果

由图 2.45 可知：与 CGAN 模型相同，当少数类样本保持不变，多数类样本增加时，ACGAN 模型生成的多数类样本对测试集的分类准确率略有增加；但与 CGAN 模型形成鲜明的对比，少数类样本对测试集的分类准确率极速下降，并且弧度非常大。这意味着，随着不平衡比的增加，多数类样本的多样性在缓慢提高，而少数类的多样性存在明显下降之势。总体而言，随着不平衡比的提高，少数类的多样性的变化明显。因此，ACGAN 模型生成样本的多样性对不平衡数据适应能力极差。表 2.7、表 2.8 分别是图 2.44、图 2.45 对应的实验结果的均值和标准差。

表 2.7 对不平衡数据集（图 2.30），
利用 CGAN 模型生成样本分类测试集的准确率与标准差

数据分布	多数类准确率/%	总体准确率/%	少数类准确率/%
100~500	96.78±0.46	96.32±0.45	95.86±0.58
100~1 000	97.22±0.27	96.32±0.87	95.42±1.77
100~3 000	98.38±0.23	97.5±0.19	96.68±0.38
100~5 000	98.68±0.22	96.76±0.83	94.88±1.68
Original_data	99.51	99.25	99

表 2.8 对不平衡数据集（图 2.30），
利用 ACGAN 模型生成样本分类测试集的准确率与标准差

数据分布	多数类准确率/%	总体准确率/%	少数类准确率/%
100~500	94.62±0.79	91.74±1.14	88.8±2.36
100~1 000	96.44±0.41	85.28±5.54	94.1±10.81
100~3 000	98.24±0.46	73.24±10.85	48.28±21.57
100~5 000	97.98±0.52	62.12±3.85	26.28±7.42
Original_data	99.51	99.25	99

表 2.7 和表 2.8 中，"Original_data"表示从原始训练数据集中每个类取出 1 000 个样本作为训练集，并在测试集上得到实验效果。从该原始数据集的实验效果可知，前 5 个类的识别效果优于后 5 个类，说明前 5 个类更易于识别。

由表 2.7 可知：CGAN 模型生成样本的多样性丰富且样本分布比较均匀，数据也相对稳定（对多数类而言，标准差从数据分布为 100~500 时的 0.46 到数据分布为 100~5 000 时的 0.22；对少数类而言，标准差从数据分布为 100~500 时的 0.58 到数据分布为 100~5 000 时的 1.68）。CGAN 模型生成的多数类样本的多样性几乎与原始数据相当，而生成的少数类样本的多样性略小于原始数据。

由表 2.8 可知：对多数类样本而言，ACGAN 模型生成样本的多样性丰富且样本分布比较均匀，但也在一定程度上受数据不平衡关系的影响。对少数类样本而言，ACGAN 模型生成样本的多样性极差且极为不稳定（对多数类而言，标准差从数据分布为 100~500 时的 0.79 到数据分布为 100~5 000 时的 0.52；对少数类而言，标准差从数据分布为 100~500 时的 2.36 到数据分布为 100~5 000 时的 7.42）。

图 2.46 和图 2.47 所示为在不同不平衡比数据集下，利用 CGAN 和 ACGAN 模型生成样本分类测试集的准确率与训练周期 epoch 之间的关系（其中一次实验）。

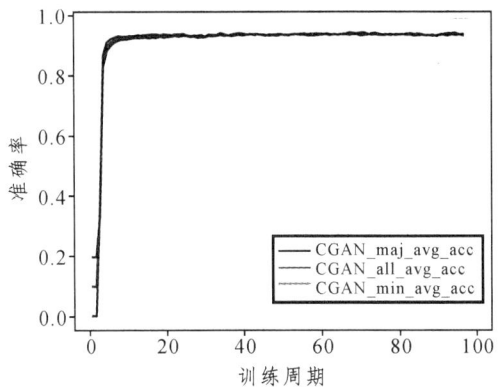

（a）数据分布为 100~500

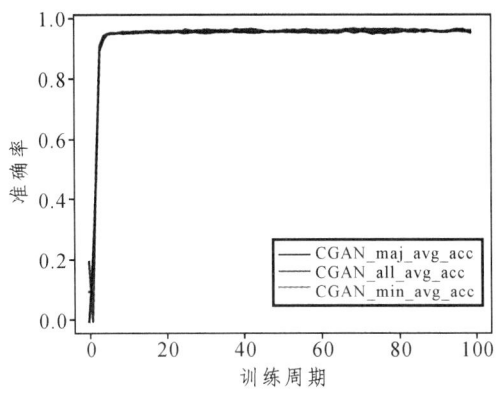

（b）数据分布为 100~1 000

第 2 章 神经网络与生成式对抗网络

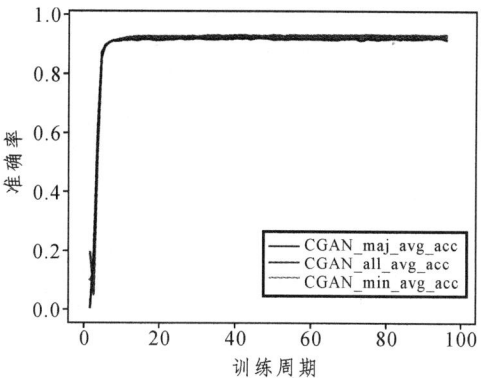

（c）数据分布为 100~3 000

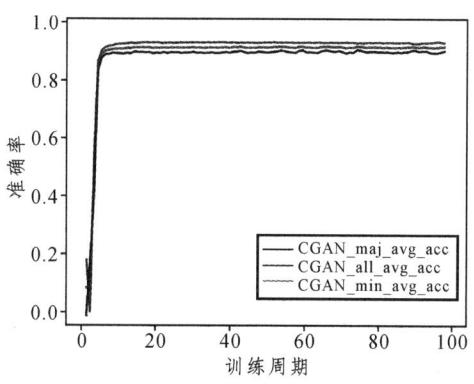

（d）数据分布为 100~5 000

图 2.46 不同不平衡比数据集下，利用 CGAN 模型生成样本分类测试集的准确率与训练周期之间的关系

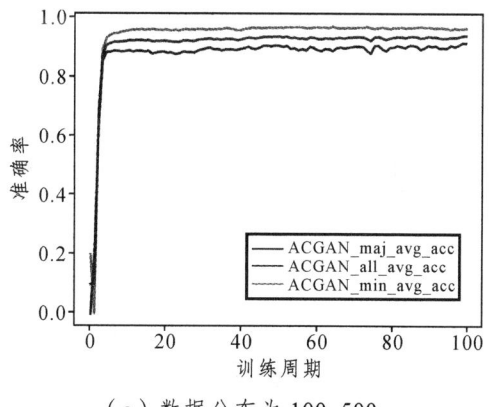

（a）数据分布为 100~500

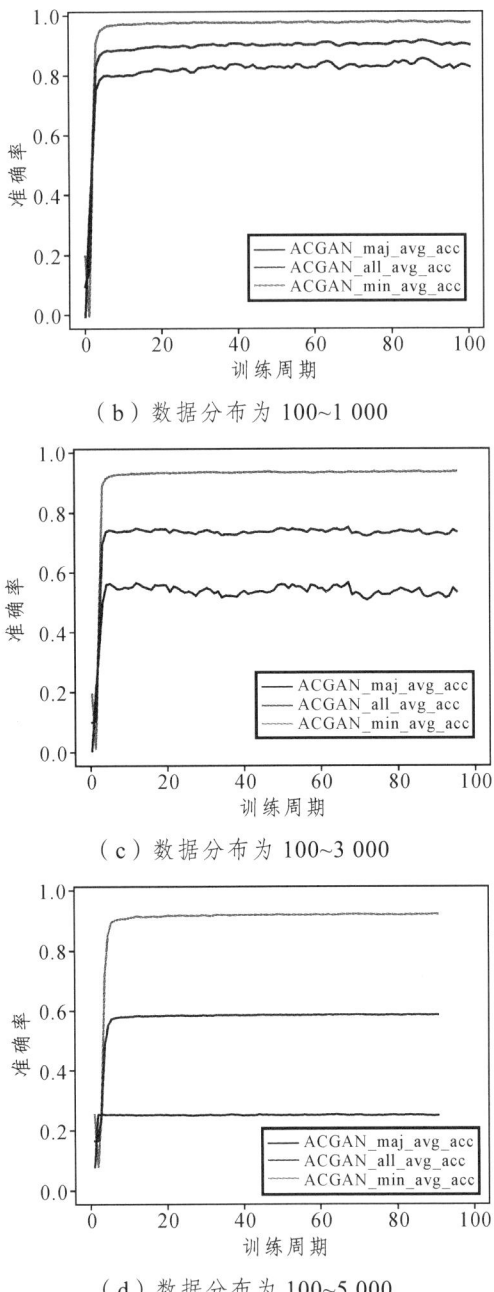

（b）数据分布为 100~1 000

（c）数据分布为 100~3 000

（d）数据分布为 100~5 000

图 2.47　不同不平衡比数据集下，利用 ACGAN 模型生成样本分类测试集的准确率与训练周期之间的关系

图 2.46 和图 2.47 可进一步表明：CGAN 模型生成样本的多样性受数据的不平衡性影响较小；而 ACGAN 模型生成样本的多样性受数据的不平衡性影响较大，尤其是对高不平衡数据集，ACGAN 模型生成的少数类样本的多样性呈现灾难性的效果。

综合上述实验可知：在生成样本的多样性方面，CGAN 模型显著优于 ACGAN 模型。CGAN 模型不管是对多数类还是少数类均表现出较好的多样性且稳定性方法也是极佳的。因此，对不平衡数据集，CGAN 是比 ACGAN 更合适的样本生成模型。

（2）在 MNIST 数据上观察生成模型在第二组跳跃式不平衡数据集上的性能。此处，我们仅从生成样本的可控性方面展开分析。

分析模型生成样本的可控性：

与第一组跳跃式不平衡数据集中的实验相同，先利用生成模型对每个类别分别生成 1 000 个样本（GANs 模型采用逐类训练和生成的原则），然后再使用训练好的 CNN 模型对生成样本进行分类。由于数据集的前 5 个类是少数类，后 5 个类是多数类，因此，分别计算了两种模型在不同不平衡数据集下少数类和多数类的平均准确率进行比较（每组结果均为 5 次相同实验的平均）。

图 2.48 和图 2.49 分别是 CGAN 和 ACGAN 模型在图 2.31 数据集下生成样本的多数类、少数类和总体平均准确率。

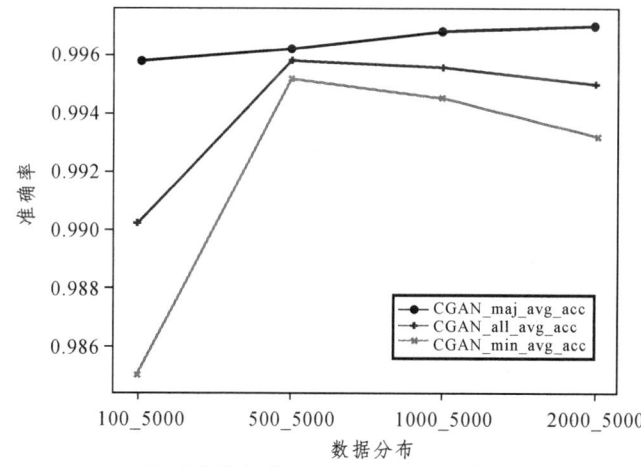

图 2.48　CGAN 模型在数据集（图 2.31）上生成样本的分类准确率

由图 2.48 可知：在数据分布为 100~5 000 时，CGAN 模型生成的样本在多数类和少数类上的差异并不显著，当不平衡比较高时，虽然少数类样本的可控性稍差，但并不明显。而在数据分布为 500~5 000、1 000~5 000 和 2 000~5 000 时，多数类和少数类表现出相当的可控性，这说明：a. 数据集含有 500 个少数类样本，足以训练完美的 CGAN 模型；b. CGAN 模型对高不平衡比的数据集有较强的适应能力。

由图 2.49 可知：ACGAN 模型生成的样本在数据分布为 100~5 000 时，少数类生成样本的分类准确率极差，远低于多数类，即当不平衡比较高时，少数类样本几乎没有可控性。随着少数类样本数量的增加，当数据分布为 500~5 000、1 000~5 000 和 2 000~5 000 时，ACGAN 在少数类上的可控性逐步加强，而当少数类中含 2 000 个训练样本时，少数类与多数类几乎具有相同的可控性。

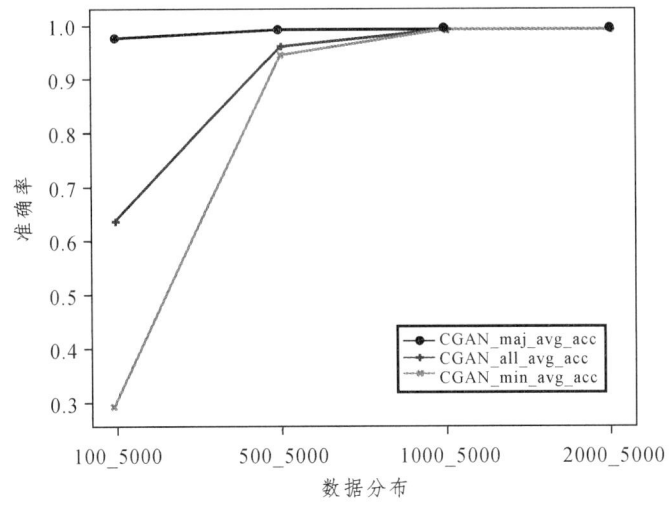

图 2.49 ACGAN 模型在数据集上（图 2.31）生成样本的分类准确率

表 2.7、表 2.8 分别是图 2.48、图 2.49 对应的实验结果的均值和标准差。

由表 2.9 和表 2.10 可知：从稳定性和波动性的角度看，CGAN 模型在数据分布为 100~5 000 时的稳定性稍差，而在其他分布情况下的稳定性都比较好；而 ACGAN 模型在数据分布为 100~5 000 和 500~5 000 时的波动性都比较大（尤其是对于少数类样本，标准差分别为 9.125 9 和 7.499 9），而在数据分布为 1 000~5 000 和 3 000~5 000 时相对比较稳定（少数类的标准差分别为 1.455 2 和 0.132 7）。

表 2.9 CGAN 在数据集上（图 2.31）的生成样本准确率与标准差

数据分布	多数类准确率/%	总体准确率/%	少数类准确率/%
100~5 000	99.58±0.098	99.02±0.397	98.5±0.809 9
500~5 000	99.62±0.074 8	99.58±0.098	99.52±0.16
1 000~5 000	99.68±0.074 8	99.56±0.08	99.46±0.162 5
2 000~5 000	99.7±0.178 9	99.5±0.141 4	99.32±0.183 8

表 2.10 ACGAN 在数据集（图 2.31）上的生成样本准确率与标准差

数据分布	多数类准确率/%	总体准确率/%	少数类准确率/%
100~5 000	97.66±1.059 4	63.36±4.736 5	29.04±9.125 9
500~5 000	98.34±1.594 5	96.26±4.434 7	94.2±7.499 9
1 000~5 000	99.38±0.147	98.98±0.685 3	98.58±1.455 2
2 000~5 000	99.5±0.209 8	99.56±0.135 6	99.68±0.132 7

通过以上分析可知：与 ACGAN 模型相比，CGAN 模型在少数类和多数类上生成的样本都具有更好的可控性和稳定性，对高度不平衡数据具有更强的适应能力。

第3章 基于辅助分类器生成对抗网络的图像识别

基于大数据，大样本的卷积神经网络模型虽然极大地改善了图像识别效果，但同样也面临巨大挑战：该方法属于被动学习模式，识别效果完全依赖于训练样本。当面对小样本数据集以及非平衡数据集时，该方法的识别效果有待提高。对于这类特殊数据集，扩充样本的多样性是最根本的方法。传统少数类样本过采样算法 SMOTE 及其相关改进算法虽然可以扩充样本，但这类算法以基于欧式距离的最近邻算法为基础，并不适用于图像数据集。同时，这类算法合成的样本是已有样本的凸组合，因此对图像分类并没有明显效果。另外，基于旋转、平移、缩放和裁剪等技术的数据增强（Data Augmented，DA）方法也可以扩展样本数量，但这种方法一方面可能会损失图像的有用信息；另一方面它并不适用于所有的数据集，必须根据不同的数据特征人工选择合适的数据增强方式。因此，这类数据增强方法也只能有限地提升部分数据集的多样性。生成对抗网络是另一种补充样本多样性的方法。当模型达到平衡后，生成器可以学习到真实样本的分布并通过随机向量生成新的样本。因此，基于 GANs 的样本生成方法是补充训练样本多样性的最佳选择。

利用 GANs 补充样本的多样性，从而提高图像分类效果的想法可以通过两种方式实现：其一是先训练一个 GANs 模型，然后再利用生成样本补充训练数据集，最后再在补充后的数据集上训练 CNN 模型；其二是将 GANs 与 CNN 整合在统一的框架下进行训练，即同时训练生成模型和分类模型。

第一种研究思路存在两个问题：① 为了生成"安全"的样本，GANs 可能会迫使生成样本分布在真实样本的中心，因此，直接利用 GANs 生成的样本扩充数据集的多样性并无明显效果；② 目前对 GANs 模型的收敛点没有明确的判断准则，更多要依靠研究者的经验，因此，直接利用它生成的样本补充数据集的多样性存在一定的随机性且最终的识别效果难以复现。

第二种思路是在统一的框架下同时训练 GANs 和 CNN 模型，这是一种端到端的学习方式。同时，将 CNN 模型的分类误差反向传递回生成器，进而也可以提高生成样本的可控性；反之，生成器的可控性越好，其产生的样本越有利于提升 CNN 的识别效果。

显然，第二种思路是更可靠的样本多样性扩充技术，辅助分类器生成对抗网络 ACGAN 就属于这类模型。

3.1 ACGAN 模型分析

作为生成对抗网络的一种改进模型，ACGAN 本身就包含图像条件生成和图像识别双重功能。图 3.1 所示为 ACGAN 的模型结构。

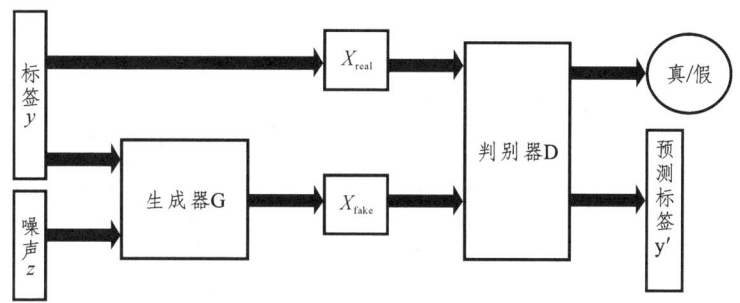

图 3.1　ACGAN 的模型结构

ACGAN 模型中判别器除了输出样本的真假属性判别项外，还输出了样本的标签估计。当网络训练完成后，输入样本 X，判别器可以输出该样本的标签预测概率 $P(y|X)$。选择使得 $P(y|X)$ 最大的类别 k 作为样本 X 的预测标签，从而实现分类。本章主要讨论将 ACGAN 模型应用于图像分类时的识别效果。在执行图像分类任务时，有必要设计一个网络层次较深的判别器结构。然而 ACGAN 中生成器与判别器具有对称结构，所以此时生成器与判别器具有相同深度的网络结构。因此，我们讨论的模型可能会牺牲生成样本的视觉效果。图 3.2、图 3.3 分别是 ACGAN 模型应用于图像分类时生成器和判别器的网络结构（以 CIFAR10 数据为例）。

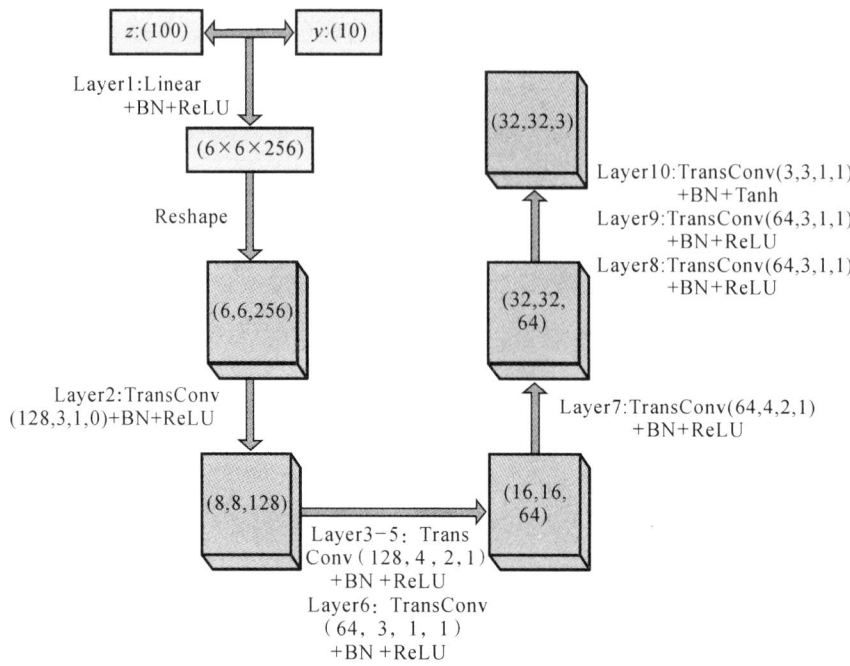

图 3.2 ACGAN 模型在 CIFAR10 上的生成器结构

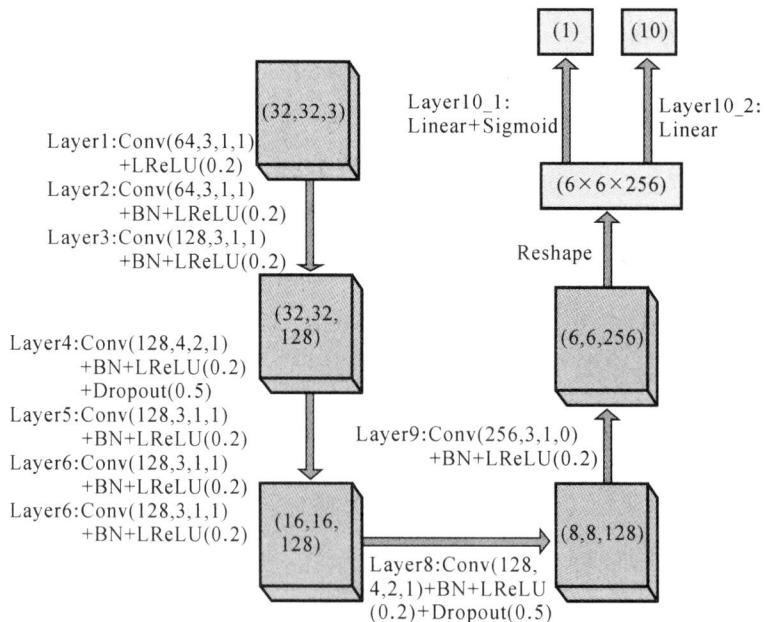

图 3.3 ACGAN 模型在 CIFAR10 上的判别器结构

图 3.4 所示为 ACGAN 模型在 CIFAR10 上的训练和测试准确率与训练周期之间的关系，与之对比的是同等深度网络结构的 CNN 模型的识别效果。

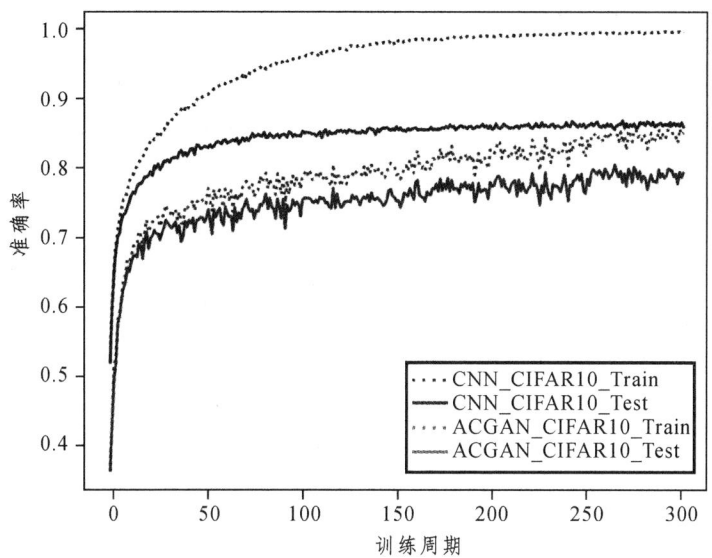

图 3.4 CNN、ACGAN 模型在 CIFAR10 上的训练与测试准确率比较

由图可以看出：训练完成后，CNN 模型在 CIFAR10 上的训练准确率接近 1，在测试集上的效果也趋于平稳；而 ACGAN 模型在训练和测试数据集上都表现出振荡、收敛速度慢、准确率低等问题。因此，虽然 ACGAN 模型包含对训练样本和条件生成样本的识别，但其效果反而不及 CNN 模型，即 ACGAN 中生成样本并没有补充到训练样本的多样性，反而起到反作用。分析认为，这与 ACGAN 的网络结构和损失函数有关。模型试图同时实现样本可控性生成与分类，但这只是一种理想状况，更有可能是模型在分类和生成上都表现出不佳的效果，图 3.4 就是一个示例。ACGAN 模型的生成器和判别器损失函数为

$$L_S = \mathbb{E}[\log P(S = \text{real} \mid \boldsymbol{X}_{\text{real}})] + \mathbb{E}[\log P(S = \text{fake} \mid \boldsymbol{X}_{\text{fake}})] + \\ \mathbb{E}[\log P(C = c \mid \boldsymbol{X}_{\text{real}})] + \mathbb{E}[\log P(C = c \mid \boldsymbol{X}_{\text{fake}})]$$

$$L_D = \mathbb{E}[\log P(C = c \mid \boldsymbol{X}_{\text{real}})] - \mathbb{E}[\log P(C = c \mid \boldsymbol{X}_{\text{fake}})]$$

式中，L_S 为生成器最小化损失函数；L_D 为判别器最小化损失函数。我们注意到 L_D 由真实样本和生成样本的真假属性判别误差以及分类误差之和构成，而 ACGAN 的判别结构（见图 3.3）虽然前面的卷积层共享参数，但在最后一层网络被分成两部分：即一部分属性判别（见图 3.3 中 Layer10_1）和另一部分图像分类（见图 3.3 中 Layer10_2）。因此，根据误差反向传播原理，判别器的参数更新也应该分成两部分：一部分是真假属性判别误差，利用该部分误差反向传播更新真假属性判别层（Layer10_1）的网络参数以及卷积层参数；另一部分是分类误差，利用该部分误差反向传播更新分类层（Layer10_2）的网络参数以及卷积层的网络参数。也就是说，在一次训练中，判别器的卷积层的梯度由两条路径反向传播回来：一条为真假属性判别误差；另一条为分类误差。当两条路径的梯度方向一致时，模型很快能达到收敛，但当两条路径的梯度方向不一致时，最终的卷积层参数朝梯度更强的方向更新。由于不能保证真假属性判别和分类识别哪部分的梯度更强，卷积层的参数不是每次都朝着对分类有利的方向更新。最终，导致 ACGAN 模型在图像识别上表现出振荡、不稳定、收敛速度慢等问题。另外，生成器控制生成样本的清晰度，而可控性的判别已经交给判别器来检验。因此，生成器的误差可以只考虑生成样本的真假属性判别。

综上分析，ACGAN 模型在网络结构以及损失函数的构造上都存在一定的风险，致使它不能很好地适应于图像分类任务。因此，要利用生成样本提高训练样本的多样性，从而提升分类效果，就必须对 ACGAN 模型的网络结构和损失函数进行改进。

第一种思路是将判别器最后一层的属性判别和分类识别融合为一体，进而将最后的输出层变为一个整体。同时，在模型的损失函数构造方面进行样本生成与分类的选择性侧重。第二种思路是将判别器完全分解成一个专门的样本真假属性判别网络 D 和一个单独的分类网络 C，这样整个模型中就包括一个判别器、一个分类器和一个生成器，再从中寻求模型平衡。根据两种不同的思路，分别提出了基于 ACGAN 的图像识别模型 CP-

ACGAN（Classification Processing based on ACGAN）以及基于对抗训练的图像识别模型 ICAT（Image Classification with Adversarial Training）。

3.2 图像识别模型 CP-ACGAN

3.2.1 模型构造

根据分析的第一种思路，在 ACGAN 模型的基础上，本书提出了一种侧重图像识别的生成模型 CP-ACGAN。该模型可以利用生成器扩充训练样本的多样性，进而提高图像分类效果。图 3.5 所示为 CP-ACGAN 模型结构示意图。

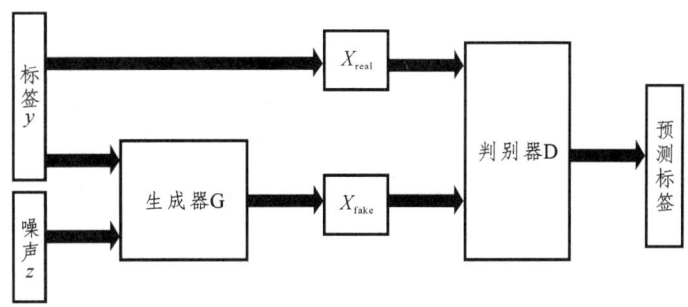

图 3.5　CP-ACGAN 模型结构示意图

从结构上看，CP-ACGAN 模型与 ACGAN 模型有很多相似之处，不同处在于 CP-ACGAN 模型中判别器 D 的输出层只有标签的后验估计，因此，可以保证判别器网络的误差从一个方向传回卷积层，同时也能减少一定的参数。另外，为了保持模型对图像的平移、旋转和拉伸等属性的不变性，在判别器中使用了池化层，尽管这样可能会使得生成图像变得模糊，但对图像分类而言却是一个不错的选择。图 3.6 所示为 CP-ACGAN 模型的判别器网络结构（以 CIFAR10 数据为例）。

图中 Pool(x) 表示池化域大小为 $x \times x$，移动步长为 x 的池化操作。CP-ACGAN 模型中判别器的输入为 $32 \times 32 \times 3$ 的图像数据，除最后一层外，其余各层均使用 LReLU 函数作为激活函数（α 取 0.2）。首先，通过两个输出层特征数为 64，卷积核大小为 3×3，移动步长为 1，填充项为 1 的卷积层将维度映射到$32\times32\times64$；其次，使用输出层特征数为128，卷积核大小为3×3，移动步长为1，填充项为1的卷积层进行特征提取，并利用池化域大小为2×2，步长为2的池化层将维度映射到$16\times16\times128$；然后，再使用三个输出层特征数为128，卷积核大小为3×3，移动步长为1，填充项为1的卷积层进一步提取特征，同时使用池化域大小为2×2，步长为2的池化层将维度映射到$8\times8\times128$；接着，再利用输出层特征数为256，卷积核大小为3×3，移动步长为1的卷积层将维度映射为$6\times6\times256$；最后，将维度重构为9216，并使用全连接层将维度映射为10（不使用激活函数），即为判别器的输出。另一方面，CP-ACGAN模型生成器的网络结构与ACGAN模型完全一致（见图3.2）。

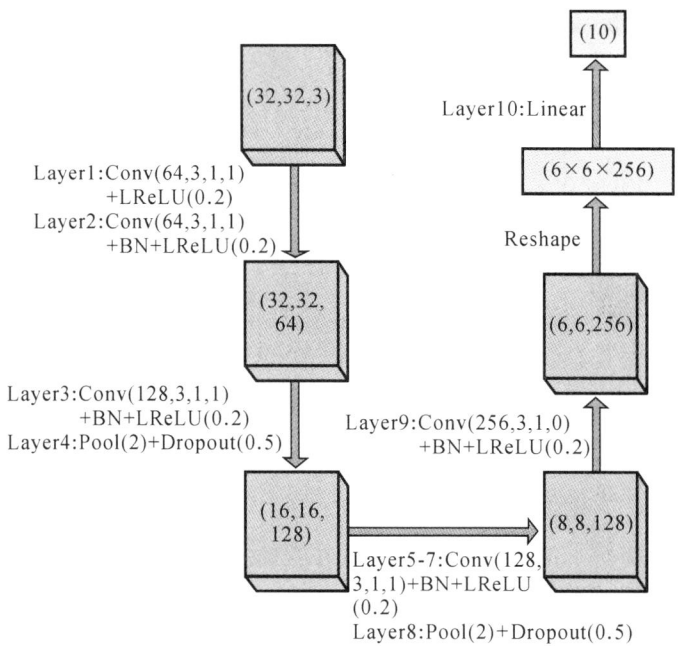

图3.6 CP-ACGAN模型在CIFAR10数据集上的判别器网络结构

3.2.2 损失函数

由于CP-ACGAN模型的判别器网络中取消了样本的真假属性判断，为了使模型能够利用生成样本补充训练集的多样性，必须对生成器和判别器的损失函数进行重构。对于真实样本,一方面要确定它的属性为真;另一方面,也要确保预测标签与样本标签一致。对于生成样本,一方面要确定它的属性为假,同时又要保证生成样本的可控性。设 ℓ_i,$i \in [1, K]$ 为判别器输出值,其中 K 为类别数。在判别器的输出层后面连接 Sofmax 分类器对样本进行分类,且满足性质 $\text{Softmax}(x) = \text{Softmax}(x-c)$。因此,可以虚拟一个样本属性判别项 ℓ_{K+1},且假设属性为假时,$\ell_{K+1} = 0$,则对于真实样本,其属性判别误差 $\ell_{r\_adv} = 0$ 和分类误差 $\ell_{r\_aux} = 0$ 分别表示为

$$L_{r\_adv} = \mathbb{E}_{\boldsymbol{x} \sim p(x)}[\log(1 - P(y = K+1 | \boldsymbol{x}))] \tag{3.1}$$

$$L_{r\_aux} = \mathbb{E}_{(\boldsymbol{x},y) \sim p(x,y)}[\log(P(y = i | \boldsymbol{x}, y < K+1))] \tag{3.2}$$

式中

$$\begin{aligned} L_{r\_adv} &= \mathbb{E}_{\boldsymbol{x} \sim p(x)}[\log(1 - P(y = K+1 | \boldsymbol{x}))] \\ &= -\frac{1}{N} \log \left(1 + \frac{1}{\sum_{j=1}^{K} e^{\ell_j}} \right) \end{aligned} \tag{3.3}$$

式中,L_{r_aux} 为真实样本标签与预测标签之间的交叉熵损失值的相反数。同理,对于生成样本,其属性判别误差 L_{f_adv} 和分类误差 L_{f_aux} 分别表示为

$$L_{f\_adv} = \mathbb{E}_{\boldsymbol{x} \sim p_g(x)}[\log P(y = K+1 | \boldsymbol{X})] \tag{3.4}$$

$$L_{f\_aux} = \mathbb{E}_{y \sim p_y(y), \boldsymbol{x} \sim p_g(x)}[\log P(y = i | \boldsymbol{X}, y < K+1)] \tag{3.5}$$

式中,$p_g(x)$ 为生成样本的分布;$p_y(y)$ 为样本标签的先验分布,且

$$\begin{aligned} L_{f\_adv} &= \mathbb{E}_{\boldsymbol{x} \sim p_g(x)}[\log P(y = K+1 | \boldsymbol{X})] \\ &= -\frac{1}{N} \log \left(1 + \sum_{j=1}^{K} e^{\ell_j} \right) \end{aligned} \tag{3.6}$$

$L_{\text{f\_aux}}$ 为条件生成样本的输入标签与预测标签之间的交叉熵损失值的相反数。因此，CP-ACGAN 模型的生成器和判别器的损失函数为

$$L_D = \alpha \times (L_{\text{r\_adv}} + L_{\text{f\_adv}}) + (1-\alpha)(L_{\text{r\_aux}} + L_{\text{f\_aux}}) \qquad (3.7)$$

$$L_G' = \alpha \times L_{\text{f\_adv}} \qquad (3.8)$$

式中，超参数 $\alpha \in [0, 1]$，是样本生成与样本分类的调节因子。α 越大，模型越侧重样本生成；α 越小，模型越侧重样本分类。当 $\alpha = 1$ 时，CP-ACGAN 模型类似于深度卷积生成对抗网络 DCGAN 模型；当 $\alpha = 0.5$ 时，模型简化为 ACGAN 模型；当 $\alpha = 0$ 时，模型类似一个卷积神经网络 CNN 模型。训练中，更新判别器参数 $\boldsymbol{\theta}_D$，使得判别器损失函数 L_D 最大化；同时更新生成器参数 $\boldsymbol{\theta}_G$，使得生成器损失函数 L_G' 最小化。同样地，由于在训练的初期，判别器很容易将真实样本和生成样本分开，导致生成器的误差接近 0，从而使得生成器参数难以得到更新。因此，生成器的损失函数等价转化为

$$L_G = -\alpha \times \mathbb{E}_{x \sim p_g(x)}[\log(1 - P(y = K+1 \mid \boldsymbol{x}))] \qquad (3.9)$$

此时，更新生成器参数 $\boldsymbol{\theta}_G$，使得 L_G 最小化。由 $L_{\text{r\_aux}}$ 和 $L_{\text{f\_aux}}$ 的表达式可知，目标函数最大化 L_G，是让真实样本和生成样本通过判别器后的预测标签与样本标签尽可能一致；同时，由 $L_{\text{r\_adv}}$、$L_{\text{f\_adv}}$ 的表达式可知，对于真实样本，最大化 $L_{\text{r\_adv}}$ 等价于最大化 $\sum_{j=1}^{K} e^{\ell_j}$，也即是对于真实样本，判别器预测值的幂指数之和的最大化。这里预先假设 $\ell_{K+1} = 0$，因此，要将真实样本判别为真，该幂指数和必须大于 1；同理，对生成样本情况则刚好相反。CP-ACGAN 模型的算法流程如下：

算法 1：CP-ACGAN 训练流程

输入：标签数据对 $(\boldsymbol{x},y)$

输出：生成器 G 和判别器 D

初始化生成器参数 $\boldsymbol{\theta}_G$、判别器参数 $\boldsymbol{\theta}_D$

重复

  取一批次的标签数据对 $(\boldsymbol{x}_i,\ y_i) \sim p(\boldsymbol{x},y), i=1,2,\cdots,N$

  从隐变量先验分布 $z_i \sim p_z(z)$ 中取 N 个隐变量 z

  从先验分布 $\overline{y}_i \sim p_Y(y)$ 中取 N 个标签

计算条件生成样本 $\boldsymbol{x}'_i = G(\overline{y}_i, z_i),\ i=1,2,\cdots,N$

计算真实样本 x_i 通过判别器的输出 $\ell'_i = D(\boldsymbol{x}_i)$

计算真实样本 x_i 通过判别器的输出 $\overline{\ell}'_i = D(\boldsymbol{x}'_i)$

计算 $L_{\text{r\_adv}}, L_{\text{f\_adv}}, L_{\text{r\_aux}} = -CE(y_i, \ell'_i), L_{\text{f\_aux}} = -CE(\overline{y}_i, \overline{\ell}'_i)$

$L_D \leftarrow -\alpha \times (L_{\text{r\_adv}} + L_{\text{f\_adv}}) - (1-\alpha) \times (L_{\text{r\_aux}} + L_{\text{f\_aux}})$

$L_G \leftarrow -\alpha \times \mathbb{E}_{\boldsymbol{x} \sim p_g(\boldsymbol{x})}[\log(1 - p(y = K+1 \mid \boldsymbol{x}))]$

$\boldsymbol{\theta}_D \leftarrow \boldsymbol{\theta}_D - \nabla_{\boldsymbol{\theta}_D} L_D$

$\boldsymbol{\theta}_G \leftarrow \boldsymbol{\theta}_G - \nabla_{\boldsymbol{\theta}_G} L_G$

直到 收敛

3.3　CP-ACGAN 模型实验与结果分析

实验分两部分进行：一部分基于均衡数据集；另一部分基于非平衡数据集。本节讨论 CP-ACGAN 模型在均衡数据集上的实验效果。对于均衡数据集，我们选择在常用的 SVHN 和 CIFAR10[121]两种数据集上分别验证模型的有效性。

3.3.1 实验数据与参数设置

SVHN 是 The Street View House Numbers 的简称。该数据来源于谷歌街景门牌号，由 73 257 个训练数据集和 26 032 个测试数据集组成，每个数据为 32×32 的彩色数字门牌，且对应 0~9 中的一个数字。CIFAR10 是由 Alex 等人收集的一个用于普通物体识别的计算机视觉数据集，该数据集共包含 10 个类别，分别是飞机、汽车、鸟、猫、鹿、狗、蛙、马、船和卡车。数据集共有 50 000 张训练图像和 10 000 张测试图像，每张图像为 32×32 的彩色图。最后，从 CIFAR10 训练数据集中选取 5 000 张图像作为交叉验证集。

实验基础环境：操作系统为 Ubuntu1604；Python 版本为 Anaconda 3.6；深度学习框架为 Pytorch 0.2 版本；GPU 型号为 GTX1070。实验中，每个训练批次的样本数量 batchsize 设置为 100；SVHN 和 CIFAR10 数据集的训练周期 epoch 分别设置为 200、300；生成器和判别器均采用 Adam 优化算法[122]进行网络优化，学习率均为 0.000 2，超参数 bata1、beta2 分别为 0.5、0.999；生成器的输入隐变量 z 采用高斯分布初始化，维度为 100；CP-ACGAN 模型中样本生成与分类的权重参数 α 取 0.1。

图 3.7 和图 3.8 分别是 CP-ACGAN 模型在 SVHN 上的生成器和判别器网络结构（图 3.2 和图 3.6 分别是 CP-ACGAN 模型在 CIFAR10 上的生成器和判别器网络结构）。

对于图像分类问题，目前应用最广泛的是深度卷积神经网络方法。因此，我们将 CP-ACGAN 与 CNN 以及 ACGAN 模型进行深度比较。为了增强可比性，实验中 CNN 模型的网络结构与 CP-ACGAN 中判别器的网络结构相同；ACGAN 的生成器和判别器网络结构与 CP-ACGAN 模型保持一致。图 3.9 和图 3.3 分别是 ACGAN 在 SVHN 和 CIFAR10 上的判别器网络结构。与 CP-ACGAN 模型相比，ACGAN 模型中判别器全部采用了卷积层而没有使用任何池化层，同时输出层为 11 维。另外，ACGAN 模型中生成器网络结构则与 CP-ACGAN 模型中生成器网络结构完全相同。

第 3 章 基于辅助分类器生成对抗网络的图像识别

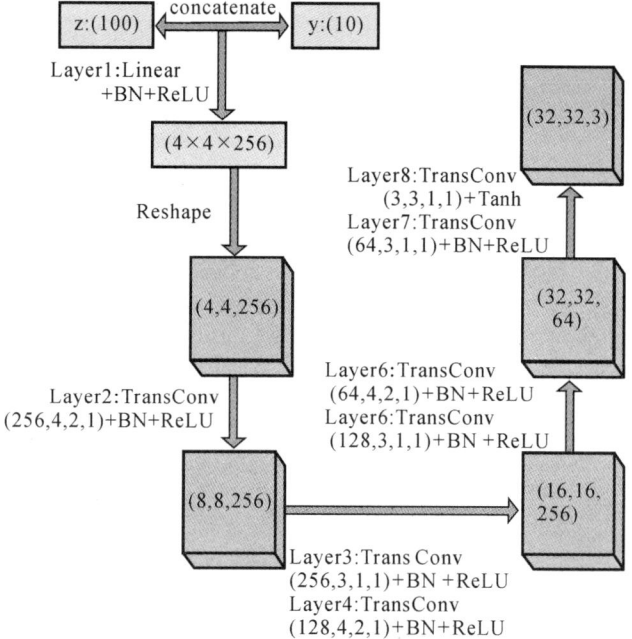

图 3.7 CP-ACGAN 模型在 SVHN 数据集上的生成器网络结构

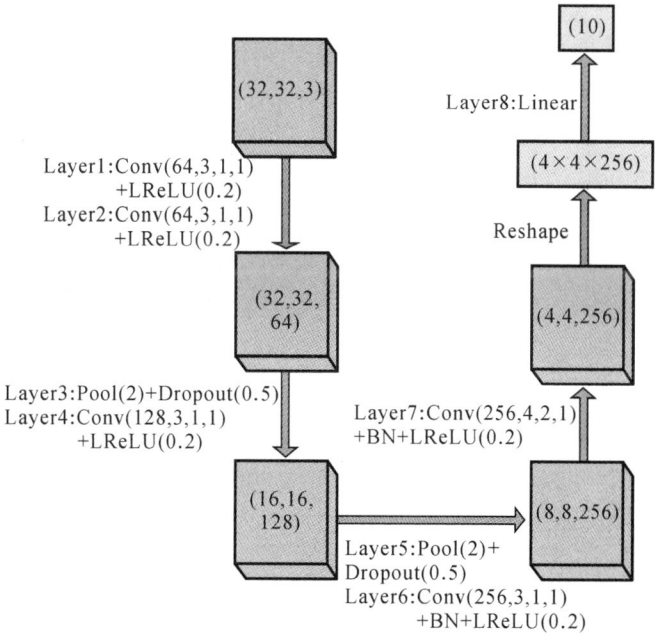

图 3.8 CP-ACGAN 模型在 SVHN 数据集上的判别器网络结构

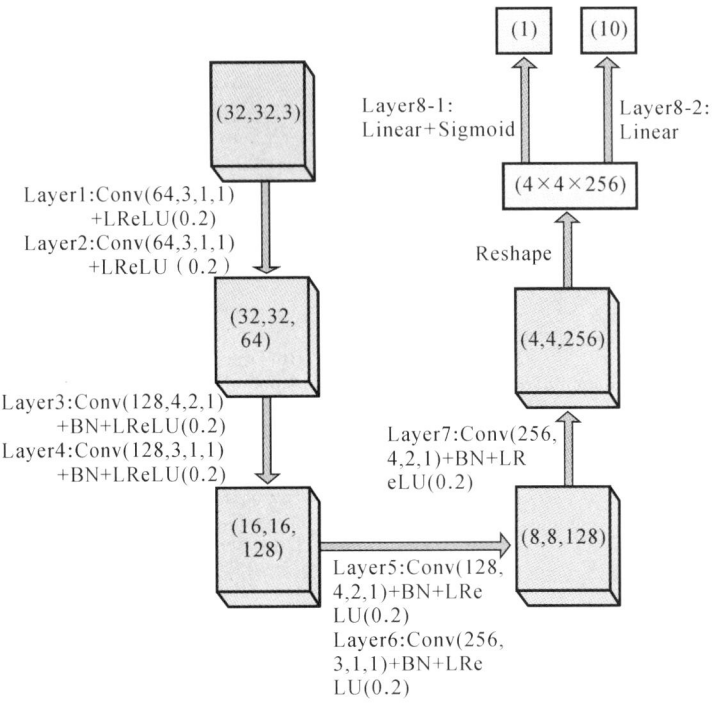

图 3.9　ACGAN 模型在 SVHN 数据集上的判别器网络结构

3.3.2　图像识别

图 3.10、图 3.11 所示为不同模型在 SVHN 上的训练和测试准确率与训练周期之间的关系。

图中，以 _max 结尾表示模型中的池化层为最大池化，而 _avg 表示均值池化。由图 3.10 和图 3.11 可以看出：对于相对简单的 SVHN 数据集，在训练集上，CNN 和 CP-ACGAN 的收敛速度均优于 ACGAN 模型，同样的情况也出现在测试集上。ACGAN 模型在训练与测试集上都表现出振荡、效果不佳等现象，但提出的 CP-ACGAN 模型则能够快速收敛且泛化能力良好，准确率优于同等结构的 CNN 模型。

图 3.12、图 3.13 所示为不同模型在 CIFAR10 上的训练和测试准确率与训练周期之间的关系。

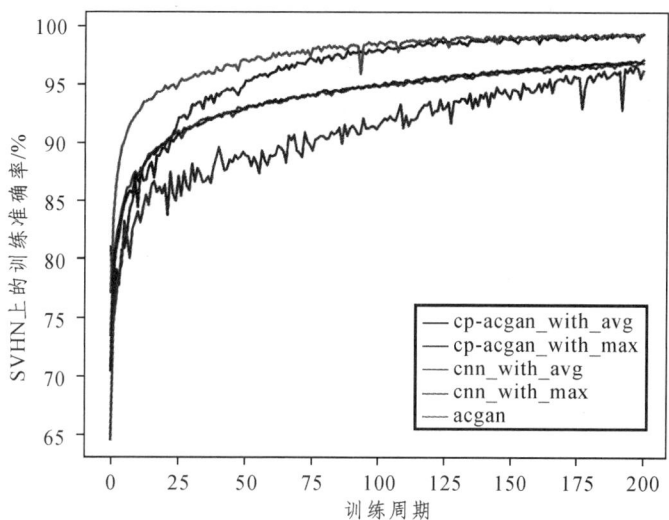

图 3.10　不同模型在 SVHN 上的训练准确率与训练周期关系

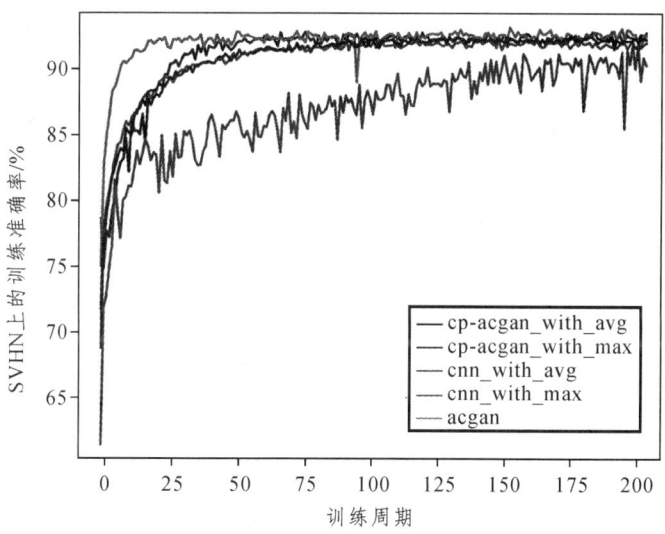

图 3.11　不同模型在 SVHN 上的测试准确率与训练周期关系

由图 3.12 和图 3.13 可以看出：对于相对复杂的 CIFAR10 数据集，在训练集上，与 ACGAN 模型相比，CNN 和 CP-ACGAN 模型都能快速达到收敛；在测试集上，CNN 和 CP-ACGAN 模型的识别效果都要远远优于 ACGAN 模型；同时，CP-ACGAN 模型在测试集上的识别效果显著优于 CNN 模型。综上可知，CP-ACGAN 具有更好的识别效果与更快的收敛速度。而对于同类模型（CNN 或者 CP-ACGAN），不同池化方法对实验结果也有一定影响。

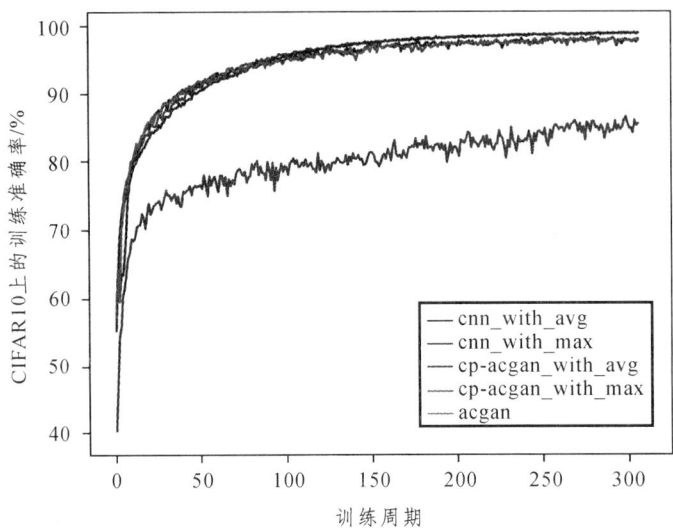

图 3.12　不同模型在 CIFAR10 上的训练准确率与训练周期关系

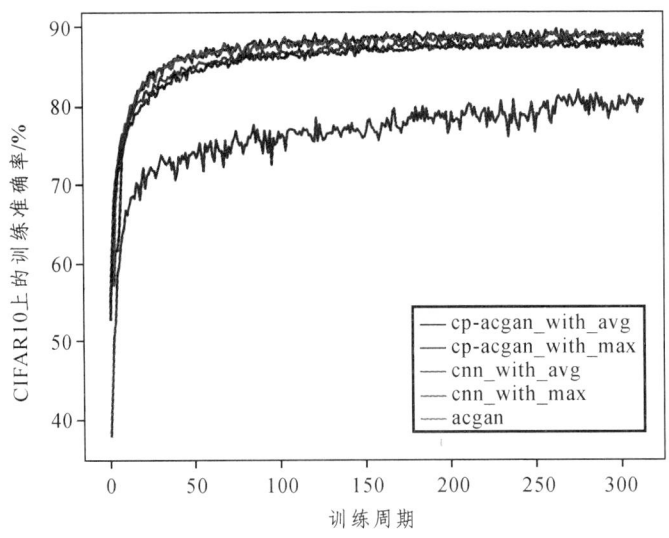

图 3.13　不同模型在 CIFAR10 上的测试准确率与训练周期关系

图 3.14 和图 3.15 所示为 5 种不同参数初始化随机种子下,各种模型在 SVHN 和 CIFAR10 两种数据集上独立实验的测试准确率。

表 3.1 为图 3.14、图 3.15 中 5 组独立实验的均值与标准差比较。

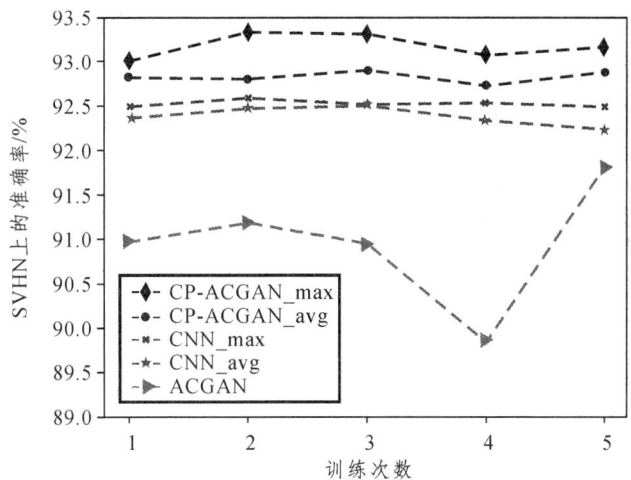

图 3.14 不同模型在 SVHN 上的 5 次测试准确率

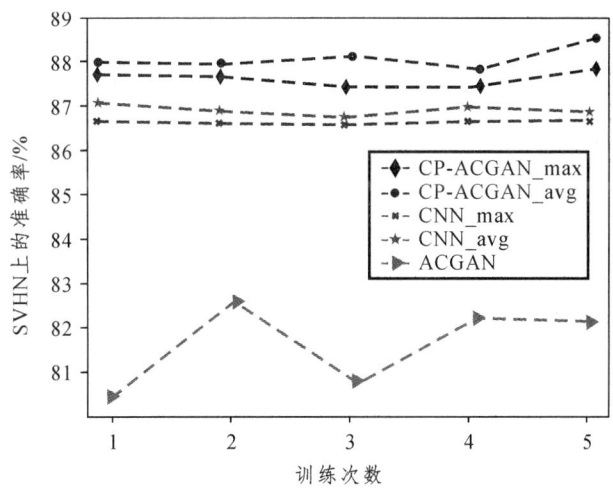

图 3.15 不同模型在 CIFAR10 上的 5 次测试准确率

表 3.1 不同方法在 SVHN、CIFAR10 上的性能比较（%）

方法	SVHN	CIFAR10
CNN_avg	92.38 ± 0.09	86.86 ± 0.11
CNN_max	92.52 ± 0.04	86.60 ± 0.03
ACGAN	90.96 ± 0.63	81.65 ± 0.85
CP-ACGAN_avg	92.82 ± 0.06	88.12 ± 0.25
CP-ACGAN_max	93.18 ± 0.14	87.77 ± 0.16

从图 3.14、图 3.15 及表 3.1 可以看出：首先，在不同参数随机初始化下，提出的 CP-ACGAN 模型的图像识别效果都优于 ACGAN 模型以及同等深度网络结构的 CNN 模型。同时，与 CNN 模型一样，增加网络深度和特征图数目，模型的识别效果会有进一步提高。其次，从稳定性上看，与 CNN 模型相比，CP-ACGAN 模型的标准差相对较大，也就是说 CP-ACGAN 模型更易受参数初始化的影响，这主要是由于 GANs 模型的训练对参数比较敏感。最后，在池化方法方面，在 SVHN 数据集上最大池化表现相对较好，而在 CIFAR10 数据集上则是均值池化表现稍好。

3.3.3 超参数分析

模型中超参数 α 控制样本生成与样本分类的相对比重，α 的不同取值可能会对图像识别效果带来较大的影响。因此，取 $\alpha = \{0.1, 0.2, 0.3, 0.4, 0.5, 0.6, 0.7, 0.8, 0.9\}$ 等 9 组不同的值，分别在 CIFAR10 数据集上观测实验效果。

图 3.16 所示为 α 取不同值时，CP-ACGAN 模型在测试集上的准确率与训练周期之间的关系。

第 3 章 基于辅助分类器生成对抗网络的图像识别

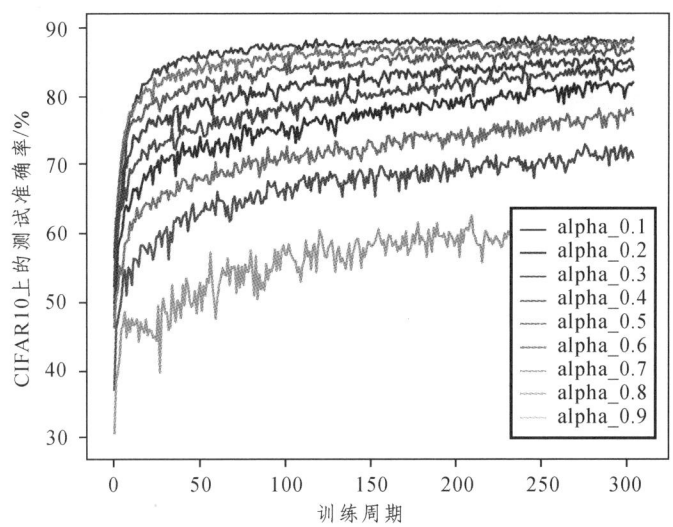

图 3.16 α 取不同值时，CP-ACGAN 模型在 CIFAR10 上得到识别率与训练周期之间的关系

图 3.17 所示为不同超参数下，CP-ACGAN 模型在 CIFAR10 数据集上的训练和测试准确率。从图 3.17 可以看出，α 取值越接小，模型的识别效果越好，这与我们的分析完全一致。当 α 越小时，模型的参数更新

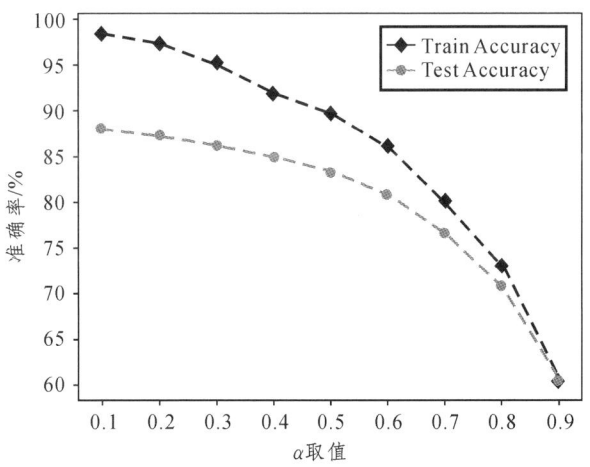

图 3.17 CP-ACGAN 模型在 CIFAR10 上的训练与测试准确率和超参数 α 之间的关系

越偏向图像识别模块，因此导致图像分类的效果越好，反之亦然。当 α 为 0.5 时，测试准确率为 83.33%，优于相同参数初始化随机种子下 ACGAN 模型的测试准确率（80.45%），这主要是因为改进了判别器输出层的网络结构。

第4章 基于生成对抗网络的半监督学习

4.1 背景介绍

半监督学习（Semi-supervised Learning，SSL）是介于监督学习和无监督学习之间的一种学习方式，是全监督学习向无监督学习过渡的必要过程。与全监督学习相比，半监督学习只需要对训练集中的少数样本进行标记。因此，对于半监督学习而言，训练样本中包含少量的标记样本和大量的无标记样本。这种学习模式可以极大地节约对大量样本进行标记而带来的人力、物力等成本。另外，对于某些特殊的样本集（如医学图像数据集），获取大量的标记样本本身就是难以实现的。因此，半监督学习一直深受研究者的青睐，并逐渐成为人工智能领域的热点研究课题[123]。目前，半监督学习广泛应用于医学图像识别[124]、身份认证[125]以及流量异常检测[126, 127]等领域。由于标记样本严重缺乏多样性，导致半监督学习效果远远落后于全监督学习。然而，生成模型的出现使得半监督学习方面的研究迈出了一大步。

近年来，生成模型的研究取得了重大的进展，生成对抗网 GANs 和变分自编码器 VAE 应运而生。随后，为了生成更加清晰的图像，研究人员设计了上百种基于 GANs 和 VAE 生成模型[128, 129]。与 VAE 相比，GANs 在生成清晰图像和特征表示学习方面具有相对明显优势[130, 131]，特别是在深度卷积生成对抗网络 DCGAN 中，使用了分数步长卷积和批量归一化，使得生成图像达到了前所未有的清晰度。作为一种无监督学习模型，GANs 生成图像的类别是无法控制的。2015 年，Chen 等人提出了 InfoGAN[50]模型，该模型采用最大信息熵原理，以无监督的形式聚类生成图像。同样，GANs 也被应用到了监督学习领域，文献[48]将标签信息整合到生成器中，以生成类别可控的图像。显然，与无监督的样本生成模型相比，融入标签信息的生成模型产生的图像具有更好的可控性。然而，获取大量的标记数据需要付出大量的人力、物力。因此，研究者们不断探索基于 GANs 的半监督学习模型。

Kingma 等人[75]提出了基于深度生成模型的半监督学习方法。之后，Rasmus 等人[132]将深度神经网络中的监督学习与无监督学习相结合，提出了基于阶梯网络的半监督学习模型。2016 年，Salimans 等人提出了基于生成对抗网络的半监督学习模型 ImprovedGAN[76]，该模型将原始 GANs 中的判别器从二分类改为 K 分类（其中 K 为类别数），并让判别器同时承担样本真假属性判别和样本分类的双重任务。深入分析了 ImprovedGAN 中判别器双重任务的优缺点后，Dai 等人认为一个好的半监督学习模型需要一个"坏"的生成模型。但与此同时，Li 等人将 ImprovedGAN 中的判别器划分为一个判别器和一个分类器，并以此提出了 TripleGAN 模型。该模型中判别器用于鉴别输入样本是否来自真实分布，而分类器用于样本分类。在 TripleGAN 的基础上，通过额外增加一个判别器以区分样本与预测标间之间的联合分布，Gan 等人提出了 TriangleGAN 模型，该模型基于样本和标签之间的联合分布匹配实现半监督学习。分类模型可以看成是样本到标签之间的一个映射。因此，在样本空间和标签空间构成的二元联合分布中进行对抗训练是考虑半监督学习最合适的选择。然而，对于标记样本缺乏多样性的半监督学习而言，除了考虑已有的样本与对应标签外，还可以通过条件生成样本以及对应的预测标签来补充已有样本的多样性。因此，本书提出了一种基于联合分布间对抗训练的半监督学习模型 SSL-ATJD（Semi-supervised Learning with Adversarial Training Among Joint Distributions）。

4.2 半监督学习模型 SSL-ATJD

4.2.1 模型提出

为了有效补充半监督学习中标签样本的多样性，除训练集中的样本与标签之间的联合分布外，还可以将条件生成样本与其对应的预测标签构成的联合分布加入对抗训练中。因此，提出的 SSL-ATJD 模型将在四类二元联合分布之间进行对抗训练。用 $p(\boldsymbol{x},\boldsymbol{y})$、$p_c(\boldsymbol{x},\boldsymbol{y})$、$p_g(\boldsymbol{x},\boldsymbol{y})$ 以及 $p_{gc}(\boldsymbol{x},\boldsymbol{y})$ 来表示这四类二元联合分布，其中 $p(\boldsymbol{x},\boldsymbol{y})$ 表示标记样本与对应标签之间的联合分布；$p_c(\boldsymbol{x},\boldsymbol{y})$ 表示无标记样本与对应的预测标签之间的联合分布；$p_g(\boldsymbol{x},\boldsymbol{y})$ 表示标签与对应条件生成样本之间的联合分布；$p_{gc}(\boldsymbol{x},\boldsymbol{y})$ 表示条件生成样本与对应的预测标签之间的联合分布。图 4.1 所示为 SSL-ATJD 模型结构示意图。

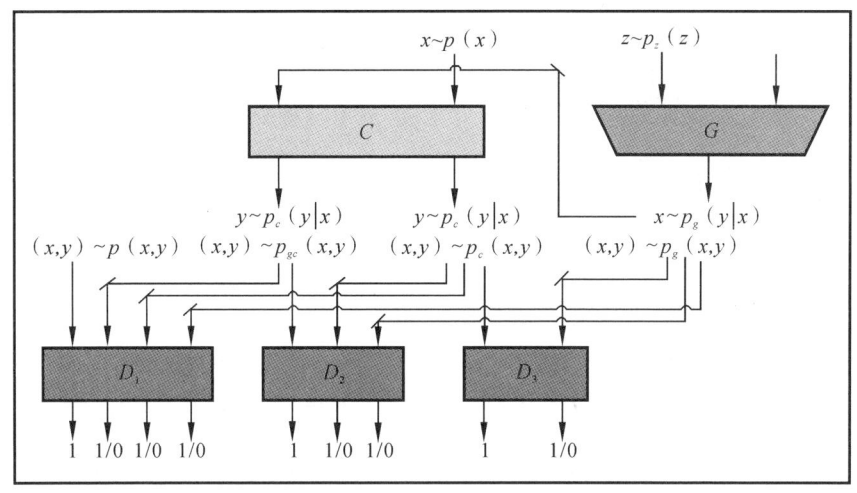

图 4.1　SSL-ATJD 模型结构示意图

图中 $p(\boldsymbol{x})$ 表示真实样本分布，$p_Z(\boldsymbol{z})$、$p_Y(\boldsymbol{y})$ 分别是隐变量先验分布和标签变量先验分布，$p_Z(\boldsymbol{z})$ 通常定义为高斯分布，$p_Y(\boldsymbol{y})$ 则定义为均匀分布。SSL-ATJD 模型包含一个生成器 G、一个分类器 C 以及三个判别器 D_1、D_2、D_3。所有的网络都是参数化的神经网络，并且为了减少模型参数，三个判别器除最后一层参数不同外，其余各层共享参数。

生成器 G 用于生成类别可控的样本，即生成样本 $\boldsymbol{x} \sim p_g(\boldsymbol{x}|\boldsymbol{y},\boldsymbol{z})$，其中 $\boldsymbol{y} \sim p_Y(\boldsymbol{y})$，$\boldsymbol{z} \sim p_Z(\boldsymbol{z})$。标签 $\boldsymbol{y}$ 控制生成样本的类别属性，隐变量 $\boldsymbol{z}$ 则控制除类别以外的其他样本属性（如样本粗细、倾斜度等）。所以，条件生成样本分布可以表示为

$$p_g(x|y) = \int p_z(z) p_g(x|y,z) \mathrm{d}z \tag{4.1}$$

相应地，标签与条件生成样本之间的联合分布 $x \sim p_g(x,y)$，则可表示为

$$p_g(x,y) = p_y(y) p_g(x|y) \tag{4.2}$$

分类器 C 的输入为两类不同的样本：真实样本 $x_1 \sim p(x)$ 和条件生成样本 $x_2 \sim p_g(x|y,z)$，输出为这两类样本对应的预测标签。对于真实样本，其预测标签 $y_1 \sim p_c(y|x)$。因此，真实样本与对应预测标签之间的联合分布 $p_c(x,y)$ 可表示为

$$p_c(x,y) = p(x) p_c(y|x) \tag{4.3}$$

同理，对于生成样本，其对应的预测标签 $y_2 \sim p_c(y|x_2)$。相应地，条件生成样本与其对应的预测标签之间的联合分布 $y_2 \sim p_{gc}(xy)$ 表示为

$$p_{gc}(x,y) = p_g(x) p_c(y|x) \tag{4.4}$$

判别器 D_i 均为二元分类器，其功能与原始 GANs 中的判别器相似，但此时判别器的输入为样本与标签对 (x,y)。D_1 的作用是将联合分布 $p(x,y)$ 与 $p_c(x,y)$、$p_g(x,y)$ 以及 $p_{gc}(x,y)$ 区分开；D_2 是将联合分布 $p_{gc}(x,y)$ 与 $p_c(x,y)$、$p_g(x,y)$ 区分开；D_3 则是将联合分布 $p_c(x,y)$ 与 $p_g(x,y)$ 区分开。设：

$$V(G,C,D_1,D_2,D_3) = \sum_{i=1}^{4} V_i \tag{4.5}$$

其中

$$V_1 = \mathbb{E}_{(x,y) \sim p(x,y)}[\log D_1(x,y)] \tag{4.6}$$

$$V_2 = \mathbb{E}_{(x,y) \sim p_{gc}(x,y)}[\log(1 - D_1(x,y)) \times D_2(x,y)] \tag{4.7}$$

$$V_3 = \mathbb{E}_{(x,y) \sim p_c(x,y)}\left[\log\left(\prod_{i=1}^{2}(1 - D_i(x,y))\right) \times D_3(x,y)\right] \tag{4.8}$$

$$V_4 = \mathbb{E}_{(x,y) \sim p_g(x,y)}\left[\log\left(\prod_{i=1}^{3}(1 - D_i(x,y))\right)\right] \tag{4.9}$$

则模型的优化目标函数表示为：$\min\limits_{G,C}\max\limits_{D_i} V(G,C,D_1,D_2,D_3)$。训练中，生成器 G、类器 C 和判别器 D_i 关于目标函数 $V(G,C,D_1,D_2,D_3)$ 进行最小最大博弈。理论分析表明模型有唯一的最优解（见 4.2.2 节），且当模型达到平衡时，四类二元联合分布相等，即 $p(x,y)=p_g(x,y)=p_c(x,y)=p_{gc}(x,y)$。联合分布相等，对应的边缘分布自然也就相等。因此，当模型达到平衡时，对 $\forall x\in p(x)$，可以导出 $p(y|x)=p_c(y|x)$，即模型可以对无标签样本进行分类；同样，对 $\forall y\in p_y(y)$，有 $p(x|y)=p_g(x|y)$，即模型可以生成类别完全可控的样本。另外，由于 SSL-ATJD 模型中引入了联合分布 $p_{gc}(x,y)$，当模型达到平衡时，同样有 $p_{gc}(x,y)=p_g(x,y)$。对 $p_g(x,y)$ 进行因式分解，有

$$p_g(x,y)=p_g(x)\times q_g(y|x) \tag{4.10}$$

式中，$q(y|x)$ 是样本生成网络 $p_g(x|y)$ 的逆向网络。联合式(4.4)和式(4.6)，可以推导出 $p_c(y|x)=q_g(y|x)$，即当模型达到平衡时，分类器 C 恰好是生成器 G 的逆向网络。因此，当条件生成样本通过分类器后输出的预测标签刚好与生成条件样本的输入标签一致。反之，将联合分布 $p_{gc}(x,y)$ 整合到对抗训练中既可以增强分类器的健壮性，又能提高生成器的可控性，从而有效缓解了半监督学习中标签样本多样性不足的困境。

4.2.2 模型收敛性分析

SSL-ATJD 模型有唯一的全局最优解，并且当模型达到平衡时，四类二元联合分布相等，本节从理论上证明解的存在性与唯一性。证明分两步进行：第一步，先固定生成器 G 和分类器 C，目标函数关于判别器 D_i 进行最大优化；第二步，固定判别器 D_i 为当前最优值，目标函数关于分类器和生成器进行最小优化。

命题 4.1 对于给定的生产器 G 和分类器 C，目标函数 $V(G,C,D_1,D_2,D_3)$ 关于判别器 D_i 的极大值点为

$$D_1^*=\frac{p(x,y)}{p(x,y)+p_g(x,y)+p_c(x,y)+p_{gc}(x,y)}$$

$$D_2^* = \frac{p_{gc}(\boldsymbol{x},\boldsymbol{y})}{p_g(\boldsymbol{x},\boldsymbol{y}) + p_c(\boldsymbol{x},\boldsymbol{y}) + p_{gc}(\boldsymbol{x},\boldsymbol{y})}$$

$$D_3^* = \frac{p_c(\boldsymbol{x},\boldsymbol{y})}{p_g(\boldsymbol{x},\boldsymbol{y}) + p_c(\boldsymbol{x},\boldsymbol{y})}$$

证明：由于固定了生成器和判别器，因此，可重新标记目标函数为 $V'(D_1, D_2, D_3)$。结合期望的定义，则 $V'(D_1, D_2, D_3)$ 的表达式可写为

$$V'(D_1, D_2, D_3) = \sum_{i=1}^{4} V_i \tag{4.11}$$

其中

$$V_1' = \iint p(\boldsymbol{x},\boldsymbol{y}) \log D_1(\boldsymbol{x},\boldsymbol{y}) \mathrm{d}\boldsymbol{x}\mathrm{d}\boldsymbol{y} \tag{4.12}$$

$$V_2' = \iint p_{gc}(\boldsymbol{x},\boldsymbol{y}) \log((1 - D_1(\boldsymbol{x},\boldsymbol{y})) \times D_2(\boldsymbol{x},\boldsymbol{y})) \mathrm{d}\boldsymbol{x}\mathrm{d}\boldsymbol{y} \tag{4.13}$$

$$V_3' = \iint p_c(\boldsymbol{x},\boldsymbol{y}) \log\left(\left(\prod_{i=1}^{2}(1 - D_i(\boldsymbol{x},\boldsymbol{y}))\right) \times D_3(\boldsymbol{x},\boldsymbol{y})\right) \mathrm{d}\boldsymbol{x}\mathrm{d}\boldsymbol{y}$$

$$\tag{4.14}$$

$$V_4' = \iint p_g(\boldsymbol{x},\boldsymbol{y}) \log\left(\left(\prod_{i=1}^{3}(1 - D_i(\boldsymbol{x},\boldsymbol{y}))\right)\right) \mathrm{d}\boldsymbol{x}\mathrm{d}\boldsymbol{y} \tag{4.15}$$

由于判别器是对样本真假属性的二分类判断，通常它的最后一层都是采用 sigmoid 函数作为激活函数。因此，判别器的输出是一个概率值，故有 $D_i(\boldsymbol{x}, \boldsymbol{y}) \in [0, 1]$。要求目标函数的极大值点，需先从 $V'(D_1, D_2, D_3)$ 中提取出被积函数，记为 $F(D_1, D_2, D_3)$；然后再求 $F(D_1, D_2, D_3)$ 关于判别器 $D_i(\boldsymbol{x}, \boldsymbol{y})$ 的一阶导数，有

$$\frac{\partial F}{\partial D_1} = \frac{p(\boldsymbol{x},\boldsymbol{y})}{D_1(\boldsymbol{x},\boldsymbol{y})} - \frac{p_{gc}(\boldsymbol{x},\boldsymbol{y}) + p_g(\boldsymbol{x},\boldsymbol{y}) + p_c(\boldsymbol{x},\boldsymbol{y})}{1 - D_1(\boldsymbol{x},\boldsymbol{y})} \tag{4.16}$$

$$\frac{\partial F}{\partial D_2} = \frac{p_{gc}(\boldsymbol{x},\boldsymbol{y})}{D_2(\boldsymbol{x},\boldsymbol{y})} - \frac{p_g(\boldsymbol{x},\boldsymbol{y}) + p_c(\boldsymbol{x},\boldsymbol{y})}{1 - D_2(\boldsymbol{x},\boldsymbol{y})} \tag{4.17}$$

$$\frac{\partial F}{\partial D_3} = \frac{p_c(\boldsymbol{x},\boldsymbol{y})}{D_3(\boldsymbol{x},\boldsymbol{y})} - \frac{p_g(\boldsymbol{x},\boldsymbol{y})}{1-D_3(\boldsymbol{x},\boldsymbol{y})} \qquad (4.18)$$

通过令导数为零，可得出函数 $F(D_1,D_2,D_3)$ 的唯一的驻点为 $M(D_1^*,D_2^*,D_3^*)$。同时，$F(D_1,D_2,D_3)$ 关于判别器 $D_i(\boldsymbol{x},\boldsymbol{y})$ 求二阶导数，有

$$\frac{\partial^2 F}{\partial D_1^2} = -\left(\frac{p(\boldsymbol{x},\boldsymbol{y})}{D_1^2(\boldsymbol{x},\boldsymbol{y})} + \frac{p_{gc}(\boldsymbol{x},\boldsymbol{y}) + p_g(\boldsymbol{x},\boldsymbol{y}) + p_c(\boldsymbol{x},\boldsymbol{y})}{(1-D_1(\boldsymbol{x},\boldsymbol{y}))^2} \right) < 0 \qquad (4.19)$$

$$\frac{\partial^2 F}{\partial D_2^2} = -\left(\frac{p_{gc}(\boldsymbol{x},\boldsymbol{y})}{D_2^2(\boldsymbol{x},\boldsymbol{y})} - \frac{p_g(\boldsymbol{x},\boldsymbol{y}) + p_c(\boldsymbol{x},\boldsymbol{y})}{(1-D_2(\boldsymbol{x},\boldsymbol{y}))^2} \right) < 0 \qquad (4.20)$$

$$\frac{\partial^2 F}{\partial D_3^2} = -\left(\frac{p_c(\boldsymbol{x},\boldsymbol{y})}{D_3^2(\boldsymbol{x},\boldsymbol{y})} - \frac{p_g(\boldsymbol{x},\boldsymbol{y})}{(1-D_3(\boldsymbol{x},\boldsymbol{y}))^2} \right) < 0 \qquad (4.21)$$

$$\frac{\partial^2 F}{\partial D_i \partial D_j} = 0 \qquad (4.22)$$

所以，函数 $F(D_1,D_2,D_3)$ 的 Hessian 矩阵可表示为

$$H = \begin{pmatrix} \dfrac{\partial^2 F}{\partial D_1^2} & \dfrac{\partial^2 F}{\partial D_1 \partial D_2} & \dfrac{\partial^2 F}{\partial D_1 \partial D_3} \\ \dfrac{\partial^2 F}{\partial D_2 \partial D_1} & \dfrac{\partial^2 F}{\partial D_2^2} & \dfrac{\partial^2 F}{\partial D_2 \partial D_3} \\ \dfrac{\partial^2 F}{\partial D_3 \partial D_1} & \dfrac{\partial^2 F}{\partial D_3 \partial D_2} & \dfrac{\partial^2 F}{\partial D_3^2} \end{pmatrix} = \begin{pmatrix} \dfrac{\partial^2 F}{\partial D_1^2} & 0 & 0 \\ 0 & \dfrac{\partial^2 F}{\partial D_2^2} & 0 \\ 0 & 0 & \dfrac{\partial^2 F}{\partial D_3^2} \end{pmatrix}$$

$$(4.23)$$

联合等式（4.19）~式（4.22）可知，H 是一个负定矩阵。因此，唯一的驻点 $M(D_1^*,D_2^*,D_3^*)$ 是 $F(D_1,D_2,D_3)$ 的极大值点，也即是最大值点。$F(D_1,D_2,D_3)$ 是目标函数 $V'(D_1,D_2,D_3)$ 的被积函数，所以，点 $M(D_1^*,D_2^*,D_3^*)$ 是 $V'(D_1,D_2,D_3)$ 最大值点，同时也是目标函数 $V(G,C,D_1,D_2,D_3)$ 关于判别器 D_i 的最优解。

为了证明接下来的命题 4.2，我们首先给出信息熵、交叉熵、相对熵[也即 Kullback-Leibler（KL）散度]以及 Jensen-Shannon（JS）散度的定义。

定义 4.1（信息熵） 若离散随机变量 X 的分布律可描述为 $P(X = x_i) = P(x_i), i = 1,2,\cdots,n$，那么随机变量 X 的信息熵可定义为

$$H(X) = -\sum_{i=1}^{n} P(x_i) \log P(x_i) \tag{4.24}$$

其中规定 $P(x_i) = 0$ 时，$H(X) = 0$。因此，由公式可以看出，若 $\forall i,j$，都有 $P(x_i) = P(x_j)$，则此时信息熵 $H(X)$ 取得最大值，说明此时随机变量 X 包含的信息量最大。反之，若 $\exists i$，使得对 $\forall j$，都有 $P(x_i) \gg P(x_j)$，则此时信息熵 $H(X)$ 的取值较小，说明此时 X 包含的信息量越小，且当 $P(x_i) = 1$ 时，$H(X)$ 取最小值 0。综合可知，信息熵表达的是随机变量 X 包含的信息量，信息熵越大，说明包含的信息量也就越大。

定义 4.2（交叉熵） 用分布 $P(x)$ 的最佳信息传递方式来传递分布 $Q(x)$ 中随机抽选的一个事件，所需的平均信息长度为交叉熵，表示为

$$H(P,Q) = \sum_{i=1}^{n} P(x_i) \log \frac{1}{Q(x_i)}$$

定义 4.3（相对熵） 若 $P(x)$ 和 $Q(x)$ 是随机变量 X 上的两个概率分布，则它们之间的相对熵定义为

$$KL(P(x) \| Q(x)) = \mathbb{E}_{x \sim P(x)} \left[\log \frac{P(x)}{Q(x)} \right]$$

定义 4.4（JS 散度） 若 $P(x)$ 和 $Q(x)$ 是随机变量 X 上的两个概率分布，$KL(P(x) \| Q(x))$ 表示它们之间的 KL 散度，则它们之间的 JS 散度定义为

$$JS(P(x) \| Q(x)) = \frac{1}{2} KL\left(P(x) \| \frac{P(x) + Q(x)}{2} \right) + \frac{1}{2} KL\left(Q(x) \| \frac{P(x) + Q(x)}{2} \right)$$

定义 4.5（Jensen 不等式） 设函数 $f(x)$ 为定义在区间 $[a,b]$ 上的实值

函数，若 $\forall i,j \in [a,b]$，有 $f\left(\sum_{i=1}^{n}\lambda_i x_i\right) \leqslant \sum_{i=1}^{n}\lambda_i f(x_i)$，其中 $\lambda_i > 0$，且 $\sum_{i=1}^{n}\lambda_i = 1$，则定义此时函数 $f(x)$ 为下凸函数；反之，若 $\forall i,j \in [a,b]$，有 $f\left(\sum_{i=1}^{n}\lambda_i x_i\right) \geqslant \sum_{i=1}^{n}\lambda_i f(x_i)$，则定义此时函数 $f(x)$ 为上凸函数。

性质 4.1 设 $P(x)$ 和 $Q(x)$ 是定义在随机变量 X 上的两个概率分布，则它们之间的 KL 散度 $\mathrm{KL}(P(x)\|Q(x))$ 一定非负，且当 $P(x) \equiv Q(x)$ 时，$KL(P(x)\|Q(x)) = 0$。

证明：由于对数函数为凸函数，因此，结合 Jensen 不等式以及 KL 散度的定义有

$$\begin{aligned}\mathrm{KL}(P(x)\|Q(x)) &= \mathbb{E}_{x \sim P(x)}\left[-\log\frac{Q(x)}{P(x)}\right] \\ &\geqslant -\log\left(\mathbb{E}_{x \sim P(x)}\left[\frac{Q(x)}{P(x)}\right]\right) \\ &= -\log(\mathbb{E}_{x \sim Q(x)}[x]) = 0\end{aligned}$$

当 $P(x) \equiv Q(x)$ 时，$\frac{P(x)}{Q(x)} = 1$，显然 $KL(P(x)\|Q(x)) = 0$。

性质 4.2 设 $P(x)$ 和 $Q(x)$ 是定义在随机变量 X 上的两个概率分布，则它们之间的 JS 散度 $\mathrm{JS}(P(x)\|Q(x))$ 一定非负，且当 $P(x) \equiv Q(x)$ 时，$\mathrm{JS}(P(x)\|Q(x)) = 0$。

命题 4.2 当且仅当 $p(\boldsymbol{x},\boldsymbol{y}) = p_g(\boldsymbol{x},\boldsymbol{y}) = p_c(\boldsymbol{x},\boldsymbol{y}) = p_{gc}(\boldsymbol{x},\boldsymbol{y})$ 时，目标函数 $V(G,C,D_1,D_2,D_3)$ 取得全局最优解。此时，$D_1^*(\boldsymbol{x},\boldsymbol{y}) = \frac{1}{4}$，$D_2^*(\boldsymbol{x},\boldsymbol{y}) = \frac{1}{3}$，$D_2^*(\boldsymbol{x},\boldsymbol{y}) = \frac{1}{2}$，且目标函数 V 的最优值为 $-4\log 4$。

证明：令 $\Delta = p(\boldsymbol{x},\boldsymbol{y}) + p_g(\boldsymbol{x},\boldsymbol{y}) + p_c(\boldsymbol{x},\boldsymbol{y}) + p_{gc}(\boldsymbol{x},\boldsymbol{y})$ 并利用 $D_i^*(\boldsymbol{x},\boldsymbol{y})$ 替换 $D_i(\boldsymbol{x},\boldsymbol{y})$，然后将目标函数重新写为

$$U(G,C) = \max_{D_1,D_2,D_3} V(G,C,D_1,D_2,D_3)$$

$$= \mathbb{E}_{(x,y)\sim p(x,y)}\left[\frac{p(x,y)}{\Delta}\right] + \mathbb{E}_{(x,y)\sim p_c(x,y)}\left[\frac{p_c(x,y)}{\Delta}\right]$$

$$+ \mathbb{E}_{(x,y)\sim p_g(x,y)}\left[\frac{p_g(x,y)}{\Delta}\right] + \mathbb{E}_{(x,y)\sim p_{gc}(x,y)}\left[\frac{p_{gc}(x,y)}{\Delta}\right]$$

（4.25）

然后，根据定义 4.3 和定义 4.4，将等式（4.25）转化为

$$U(G,C) = -4\log 4 + \mathrm{KL}\left(p(x,y) \| \frac{\Delta}{4}\right) + \mathrm{KL}\left(p_c(x,y) \| \frac{\Delta}{4}\right) +$$

$$\mathrm{KL}\left(p_g(x,y) \| \frac{\Delta}{4}\right) + \mathrm{KL}\left(p_{gc}(x,y) \| \frac{\Delta}{4}\right)$$

$$\stackrel{\Delta}{=\!=} -4\log 4 + \mathrm{JS}(p(x,y), p_g(x,y), p_c(x,y), p_{gc}(x,y))$$

（4.26）

式中，$\mathrm{JS}(p(x,y), p_g(x,y), p_c(x,y), p_{gc}(x,y))$ 可以看成是 JS 散度的一种延伸。由性质 4.2 可知，当且仅当 $p(x,y) = p_g(x,y) = p_c(x,y) = p_{gc}(x,y)$ 时，$\mathrm{JS}(p(x,y), p_g(x,y), p_c(x,y), p_{gc}(x,y))$ 有最小值 0。此时，函数 $U(G,D)$ 取得最小值 $-4\log 4$，且此时有 $D_1^*(x,y) = \frac{1}{4}$，$D_2^*(x,y) = \frac{1}{3}$，$D_2^*(x,y) = \frac{1}{2}$。

4.2.3 模型训练

与其他的联合分布模型一样，尽管 SSL-ATJD 模型在理论上可以达到全局最优。但由于联合分布空间维度较高，且模型参数多，使得模型训练较为困难。因此，可以在分类器 C 的在训练中引入标记样本的标签后验误差 ψ_l 和条件生成样本的标签后验误差 ψ_g 以加速模型收敛，其中

$$\psi_l = \mathbb{E}_{(x,y)\sim p(x,y)}[-\log p_c(y|x)]$$

$$\psi_g = \mathbb{E}_{(x,y)\sim p_g(x,y)}[-\log p_c(y|x)]$$

（4.27）

由期望的定义及定义 4.3 可知：

$$\psi_l = \iint p(\boldsymbol{x},\boldsymbol{y})\log\frac{p(\boldsymbol{x})}{p_c(\boldsymbol{x},\boldsymbol{y})}\mathrm{d}\boldsymbol{x}\mathrm{d}\boldsymbol{y}$$

$$= \iint p(\boldsymbol{x},\boldsymbol{y})\log\left\{\frac{p(\boldsymbol{x},\boldsymbol{y})}{p_c(\boldsymbol{x},\boldsymbol{y})}\times\frac{p(\boldsymbol{x})}{p(\boldsymbol{x},\boldsymbol{y})}\right\}\mathrm{d}\boldsymbol{x}\mathrm{d}\boldsymbol{y}$$

$$= \mathrm{KL}(p(\boldsymbol{x},\boldsymbol{y})\|p_c(\boldsymbol{x},\boldsymbol{y})) + H_p(\boldsymbol{y}|\boldsymbol{x}) \quad (4.28)$$

因此，最小化 ψ_l 等价于最小化 $\mathrm{KL}(p(\boldsymbol{x},\boldsymbol{y})\|p_c(\boldsymbol{x},\boldsymbol{y}))$。由性质 4.1 可知，当 $p(\boldsymbol{x},\boldsymbol{y}) = p_c(\boldsymbol{x},\boldsymbol{y})$ 时，ψ_l 取得最小值。故在判别器 C 中引入误差 ψ_l 并不影响模型的收敛性，同理可得

$$\psi_g = \iint p_g(\boldsymbol{x},\boldsymbol{y})\log\frac{p_g(\boldsymbol{x})}{p_{gc}(\boldsymbol{x},\boldsymbol{y})}\mathrm{d}\boldsymbol{x}\mathrm{d}\boldsymbol{y}$$

$$= \iint p_g(\boldsymbol{x},\boldsymbol{y})\log\left\{\frac{p_g(\boldsymbol{x},\boldsymbol{y})}{p_{gc}(\boldsymbol{x},\boldsymbol{y})}\times\frac{p_g(\boldsymbol{x})}{p_g(\boldsymbol{x},\boldsymbol{y})}\right\}\mathrm{d}\boldsymbol{x}\mathrm{d}\boldsymbol{y}$$

$$= \mathrm{KL}(p_g(\boldsymbol{x},\boldsymbol{y})\|p_{gc}(\boldsymbol{x},\boldsymbol{y})) + H_g(\boldsymbol{y}|\boldsymbol{x}) \quad (4.29)$$

优化判别器参数时，$H_g(\boldsymbol{y}|\boldsymbol{x})$ 为常数，因此，最小化 ψ_g 等价于最小化 $\mathrm{KL}(p_g(\boldsymbol{x},\boldsymbol{y})\|p_{gc}(\boldsymbol{x},\boldsymbol{y}))$。所以，判别器 C 中引入误差 ψ_g 也不影响模型的收敛性。相反，加入标签后验误差后可以使模型更快达到收敛，甚至可以避免某些初始化导致的模型发散现象。SSL-ATJD 的训练流程如下：

算法 2：SSL-ATJD 训练流程

输入：标签数据对 $(\boldsymbol{x},\boldsymbol{y})$ 和无标签数据 $\boldsymbol{x}_u$

输出：生成器 G、判别器 D_i 以及分类器 C

初始化生成器参数 $\boldsymbol{\theta}_G$，判别器参数 $\boldsymbol{\theta}_{D_1}$、$\boldsymbol{\theta}_{D_2}$、$\boldsymbol{\theta}_{D_3}$，分类器 $\boldsymbol{\theta}_C$

重复

取一批次的标签数据对 $(\boldsymbol{x}_i, \boldsymbol{y}_i) \sim p(\boldsymbol{x},\boldsymbol{y}), i=1,2,\cdots,N$

取一批次的无标签数据 $\boldsymbol{x}_j \sim p(\boldsymbol{x}), j=1,2,\cdots,M$

从先验分布 $\boldsymbol{y}_k \sim p_y(\boldsymbol{y})$，$k=1,2,\cdots,K$ 中取一批次标签

计算无标签样本的预测标签 $\boldsymbol{y}_j \sim p_c(\boldsymbol{y}|\boldsymbol{x}_j)$，$j=1,2,\cdots,M$

计算条件生成样本 $\boldsymbol{x}_k \sim p_g(\boldsymbol{x}|\boldsymbol{y}_k)$，$k=1,2,\cdots,K$

计算条件生成样本的预测标签 $\boldsymbol{y}'_k \sim p_c(\boldsymbol{y}|\boldsymbol{x}_k)$，$k=1,2,\cdots,K$

计算标签后验误差 $\psi_l = \mathbb{E}_{(x,y)\sim p(x,y)}[-\log p_c(\boldsymbol{y}|\boldsymbol{x})]$，$\psi_g = \mathbb{E}_{(x,y)\sim p_g(x,y)}[-\log p_c(\boldsymbol{y}|\boldsymbol{x})]$

$\delta_{11} \leftarrow D_1(\boldsymbol{x}_i,\boldsymbol{y}_i), \delta_{12} \leftarrow D_1(\boldsymbol{x}_k,\boldsymbol{y}'_k), \delta_{13} \leftarrow D_1(\boldsymbol{x}_j,\boldsymbol{y}_j), \delta_{14} \leftarrow D_1(\boldsymbol{x}_k,\boldsymbol{y}_k)$

$\delta_{21} \leftarrow D_2(\boldsymbol{x}_k,\boldsymbol{y}'_k), \delta_{22} \leftarrow D_2(\boldsymbol{x}_j,\boldsymbol{y}_j), \delta_{23} \leftarrow D_2(\boldsymbol{x}_k,\boldsymbol{y}_k)$

$\delta_{31} \leftarrow D_3(\boldsymbol{x}_j,\boldsymbol{y}_j), \delta_{32} \leftarrow D_2(\boldsymbol{x}_k,\boldsymbol{y}_k)$

$L_{D_1} \leftarrow -\frac{1}{N}\sum_{i=1}^{N}(\log\delta_{11}) - \frac{1}{K}\sum_{i=1}^{K}(\log(1-\delta_{12}) + \log(1-\delta_{14}))$
$\qquad -\frac{1}{M}\sum_{i=1}^{M}\log(1-\delta_{13})$

$L_{D_2} \leftarrow -\frac{1}{K}\sum_{i=1}^{K}(\log\delta_{21} + \log(1-\delta_{23})) - \frac{1}{M}\sum_{i=1}^{M}\log(1-\delta_{13})$

$L_{D_3} \leftarrow -\frac{1}{M}\sum_{i=1}^{M}\log\delta_{13} - \frac{1}{K}\sum_{i=1}^{K}\log(1-\delta_{32})$

$L_G \leftarrow -\frac{1}{K}\sum_{i=1}^{K}(\log\delta_{14} + \log\delta_{23} + \log\delta_{32})$

$L_C \leftarrow -\frac{1}{M}\sum_{i=1}^{M}(\log\delta_{13} + \log\delta_{22} + \log(1-\delta_{31})) + \psi_l + \psi_g$

$\theta_{D_1} \leftarrow \theta_{D_1} - \nabla_{\theta_{D_1}} L_{D_1}, \theta_{D_2} \leftarrow \theta_{D_2} - \nabla_{\theta_{D_2}} L_{D_2}, \theta_{D_3} \leftarrow \theta_{D_3} - \nabla_{\theta_{D_3}} L_{D_3}$

$\theta_G \leftarrow \theta_G - \nabla_{\theta_G} L_G$

$\theta_C \leftarrow \theta_C - \nabla_{\theta_C} L_C$

直到 收敛

4.3 SSL-ATJD 模型实验与结果分析

4.3.1 实验数据与实验平台

为了与已有的半监督学习方法进行比较，我们选用了广泛使用的

MNIST[133]、CIFAR10 和 SVHN 三个数据集进行实验。MNIST 为手写字体数据集，该数据集由 50 000 个训练数据、10 000 个交叉验证数据和 10 000 个测试数据构成。每个数据为 28×28 大小的灰度图，代表手写数字的 0~9。实验中，随机选取 100 个样本作为标记样本（平均每类 10 个）用于半监督学习。CIFAR10 数据集共有 50 000 个训练样本和 10 000 个测试样本，每个样本是维度为 32×32×3 的彩色图像。与其他的半监督实验一样，从训练数据中随机选择 4 000 个样本作为标签样本（每个类 400 个）。SVHN（The Street View House Numbers）的数据来源于谷歌街景门牌号，由 73 257 个训练数据集和 26 032 个测试数据集，每个数据为 32×32×3 的彩色数字门牌。实验中，随机选取 1 000 个样本（每个类别 100 个）作为标记样本。

所有的实验都是在 Ubuntu16.04 下，基于深度学习框架 Theano[134]实现的。具体实验环境和相应的依赖包见表 4.1。

表 4.1　SSL-ATJD 实验平台参数

依赖包	发行版本
OS	Ubuntu 16.04
GPU	Geforce 1070，Geforce 1080，Geforce 1080Ti
CUDA	版本 8.0
Cudnn	版本 6021
Python	版本 3.6.4
Theano	版本 0.8.0
Lasagen	版本 0.2
Parmesan	版本 0.1

4.3.2　网络层结构与超参数

TripleGAN 是目前较为突出的半监督学习模型，本书提出的方法与它有一定的相似之处。为了与 TripleGAN 模型进行有效比较，我们保持 SSL-ATJD 模型中生成器 G、分类器 C 和判别器 D_i 的网络结构与 TripleGAN 模型中对应的网络结构深度相同，同时由于模型中三个判别器除最后一层参数不同外，其他层共享参数。因此，与 TripleGAN 相比，SSL-ATJD 模型参数量只有少量的增加。表 4.2 和表 4.3 分别是不同数据集上模型的生成器、分类器和判别器的网络层结构。

表 4.2 SSL-ATJD 在 MNIST 上的网络结构

分类器 C	生产器 G	判别器 D_i
输入：28×28 灰度图	输入：类别标签 y，隐变量 z	输入：28×28 灰度图，标签 y
Conv(32,5,1,0) + ReLU → Dropout(0.5)	MLP(500) + Softplus	MLP(1000) + LReLU
Conv(64,3,1,0) + ReLU	MLP(500) + Softplus	MLP(500) + LReLU
Conv(64,3,1,0) + ReLU → Poo(2) → Dropout(0.5)	MLP(748) + Sigmoid	MLP(250) + LReLU
Conv(128,3,1,0) + ReLU		MLP(250) + LReLU
Conv(128,3,1,0) + ReLU		MLP(250) + LReLU
Gobal Pool(120)		D_1 : MLP(1) + Sigmoid
MLP(10) + Softmax		D_2 : MLP(1) + Sigmoid
		D_3 : MLP(1) + Sigmoid

表 4.3 SSL-ATJD 在 CIFAR10、SVHN 上的网络结构

分类器 C	生产器 G	判别器 D_i
输入：$32 \times 32 \times 3$ 彩色图	输入：类别标签 y，隐变量 z	输入：$32 \times 32 \times 3$ 灰度图，标签 y
Conv(128,3,1,0) + LReLU	MLP(8192) + ReLU → BN	Conv(32,3,1,0) + LReLU → WN
Conv(128,3,1,0) + LReLU	Reshape : $512 \times 4 \times 4$	Conv(32,3,1,0) + LReLU → WN
Conv(128,3,1,0) + LReLU → Pool(2)	TransConv(256,5,2,0) → ReLU → BN	Conv(64,3,1,0) → WN

续表

分类器 C	生产器 G	判别器 D_i
输入：32×32×3 彩色图	输入：类别标签 y，隐变量 z	输入：32×32×3 灰度图，标签 y
Conv(256,3,1,0)+LReLU	TransConv(256,5,2,0)→ReLU→BN	Conv(64,3,1,0)+LReLU→WN
Conv(256,3,1,0)+LReLU	TransConv(3,5,2,0)→Tanh	Conv(128,3,1,0)+LReLU→WN
Conv(256,3,1,0)+LReLU→Pool(2)		Conv(128,3,1,0)+LReLU→WN
Conv(512,3,1,0)+LReLU		Gobal Pool
NIN[135](512)→ReLU		D_1：MLP(1)+Sigmoid
Gobal Pool		D_2：MLP(1)+Sigmoid
MLP(10)+Softmax		D_3：MLP(1)+Sigmoid

表中，Conv(f,k,s,p) 表示输出特征图数为 f，卷积核大小为 $k×k$，移动步长为 s，0 填充项为 p 的卷积计算。TransConv(f,k,s,p) 为 Conv(f,k,s,p) 对应的转置卷积；Pool(x) 表示池化域大小为 $x×x$ 的池化计算；MLP(x) 表示输出层神经元个数为 x 的全连接。在超参数方面，保留了 TripleGAN 模型中的一部分。但与 TripleGAN 相比，SSL-ATJD 模型多了两个判别器 D_2 和 D_3。相应地，训练中，除了这两个模型本身的优化外，还要考虑将这两个模型产生的误差用于优化生成器 G 和分类器 C 的系数。因此，在模型应用于测试集前，分别从 MNIST、CIFAR10 和 SVHN 的训练数据中提取 10 000、5 000 和 5 000 个样本作为交叉验证集，以确定这些超参数。

实验中，训练批量大小 batchsize 设置为 100。同时，使用 Adam 优化算法来优化生成器，判别器和分类器（β_1，β_2 分别为 0.5、0.999），且 MNIST、CIFAR10 和 SVHN 三种数据集的学习分别为 0.001、0.000 3 和 0.000 3。隐变量 z 采用高斯分布进行初始化，维度设置为 100。标签变量 y 采用均匀分布进行初始化。分类器的损失函数设置分为三个阶段：第一阶段（即当训

练周期小于 α_1 时），分类器损失函数仅仅包含标签样本的后验误差 ψ_l；第二阶段（即当训练周期大于 α_1，但小于 α_2 时），分类器损失函数在第一阶段的基础上增加了判别器损失；第三阶段（即当训练周期大于 α_2 时），损失函数在第二阶段的基础上增加了条件生成样本的标签后验误差 ψ_g，其中 α_1 和 α_2 是依赖于数据集和标签样本数的超参数。

4.3.3 半监督分类

表4.4列出了SSL-ATJD模型的实验结果以及几种目前流行的半监督分类模型的实验结果。为了公平比较，其他模型的分类结果都是从相应的文献中引用的。表4.4表明提出的模型在三种不同的数据集中都拥有最佳的半监督分类效果。在 MNIST 数据中，当训练集中标记样本数为 100 时（每个类别 10 个），SSL-ATJD 模型的半监督识别错误率从目前最佳的 0.89% 下降到 0.59%，该错误率几乎达到了半监督分类的极限。同样在 CIFAR10 数据中，识别错误率达到 16.45%，下降了 0.35%；在 SVHN 中，错误率达到 4.86%，下降了 0.87%。

表 4.4 MNIST、CIFAR10 以及 SVHN 上的半监督分类错误率（%）

方法	MNIST	CIFAR10	SVHN
Ladder	0.89 ± 0.50	20.40 ± 0.47	—
SDGM	1.32 ± 0.07	—	16.61 ± 0.24
ALU	—	—	19.14 ± 0.50
FM	0.93 ± 0.07	18.63 ± 2.32	8.11 ± 1.3
CatGAN	1.39 ± 0.28	19.58 ± 0.58	—
TripleGAN	0.91 ± 0.58	16.99 ± 0.36	5.77 ± 0.17
SGAN	0.89 ± 0.11	17.26 ± 0.69	5.73 ± 0.12
TriangleGAN	—	16.80 ± 0.42	—
SSL-ATJD	0.59 ± 0.13	16.45 ± 0.18	4.86 ± 0.16
CNN（supervised）	0.37	—	—

在 MNIST 数据上对提出的 SSL-ATJD 模型进行深入分析。除了将训练集中标记样本设置成 100 外，同样还将标记样本设置成 20、50 和 200 进行对比实验（平均每个类别 2 个、5 个和 20 个标记样本）。表 4.5 列出了 SSL-ATJD 模型以及其他几种模型在不同数量的标记样本上的识别错误率。同样地，其他模型的实验结果也是从相应的文献中引用的。表 4.5 表明 SSL-ATJD 模型对标签样本的数量表现出了极强的健壮性。在仅有 20 个标签样本的情况下，错误率从当前最好的 4.0%下降到 1.09%，该错误率甚至超过了其他模型在 50 个标签样本下的错误率。当标记样本的数量为 50 时，SSL-ATJD 模型的错误率从目前最好的 1.29%下降到 0.71%。当标记样本为 200 时，错误率下降到 0.56%。

表 4.5　MNIST 上不同数量标签样本的半监督分类错误率（%）
（取 10 次运行的均值）

方法	$n=20$	$n=50$	$n=200$
ImprovedGAN	16.77 ± 4.52	2.21 ± 1.36	0.91 ± 0.04
TripleGAN	4.81 ± 4.95	1.56 ± 0.72	0.67 ± 0.16
SGAN	4.0 ± 4.14	1.29 ± 0.47	—
SSL-ATJD	1.09 ± 0.50	0.71 ± 0.09	0.56 ± 0.11
CNN	0.37	—	—

当只有 20 个标记样本时，SSL-ATJD 模型的识别错误率（1.09%）下降最为显著，并且稳定性也得到了极大提高（10 次运行的标准差为 0.5）。事实上，在只有 20 个标签样本的情况下，半监督分类效果受参数初始化影响严重。某些情况下，参数初始化可能会导致模型陷入局部最优以及过拟合中，这进一步会影响模型的收敛性[如图 4.2（c）中的虚线]。然而在只有极少的标记样本条件下，SSL-ATJD 模型同样表现出了对参数初始化强大的适应能力[见图 4.2（c）中的实线)]。图 4.2~图 4.5 所示为 SSL-ATJD 模型与 TripleGAN 模型在只有 20 个标记样本时，几组参数初始化随机种子下的分类效果对比。

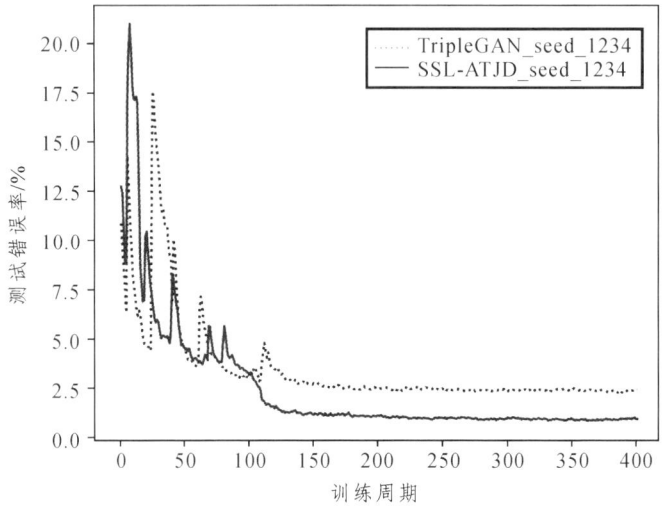

图 4.2 随机种子为 1 234 时，SST-ATJD 模型与 TripleGAN 模型在 MNIST 上的分类错误率与训练周期关系

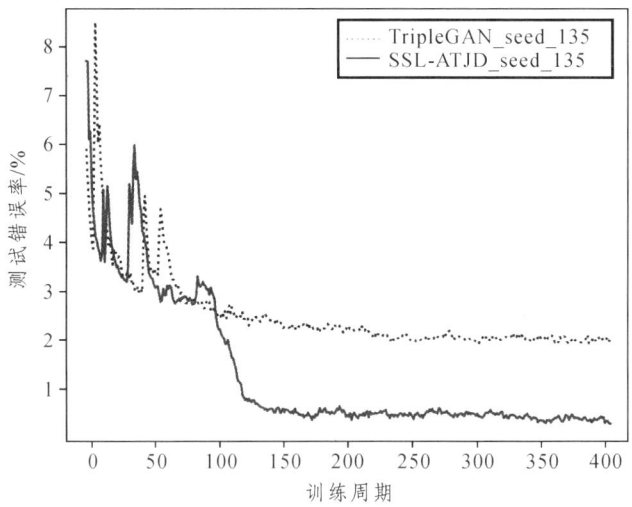

图 4.3 随机种子为 135 时，SST-ATJD 模型与 TripleGAN 模型在 MNIST 上的分类错误率与训练周期关系

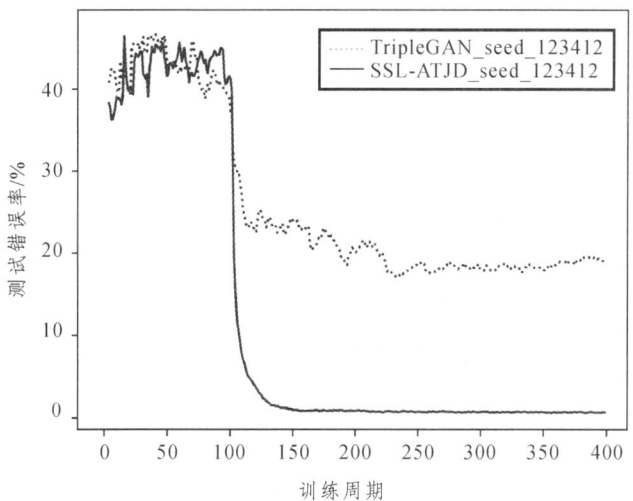

图 4.4　随机种子为 123 412 时，SST-ATJD 模型与 TripleGAN 模型在 MNIST 上的分类错误率与训练周期关系

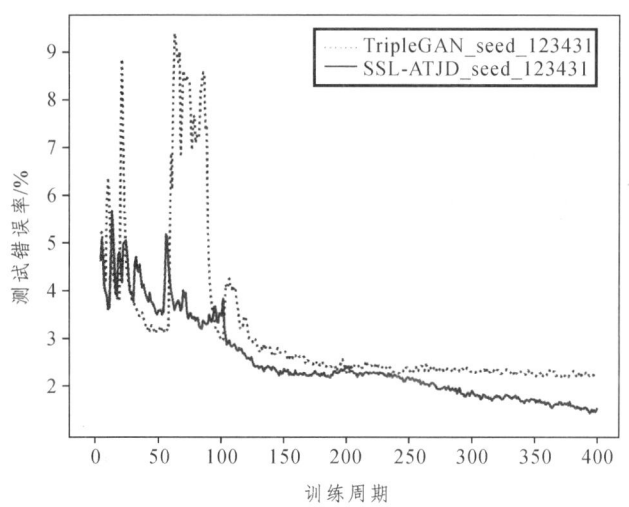

图 4.5　随机种子为 123 431 时，SST-ATJD 模型与 TripleGAN 模型在 MNIST 上的分类错误率与训练周期关系

图 4.6 所示为 SSL-ATJD 模型在不同数量标记样本下的几个性能指标比较。

从图 4.6 中可以看出，当训练周期数达到 300（α_2 的取值），也即是分类器的损失函数为第三阶段时，错误率曲线出现明显下降。

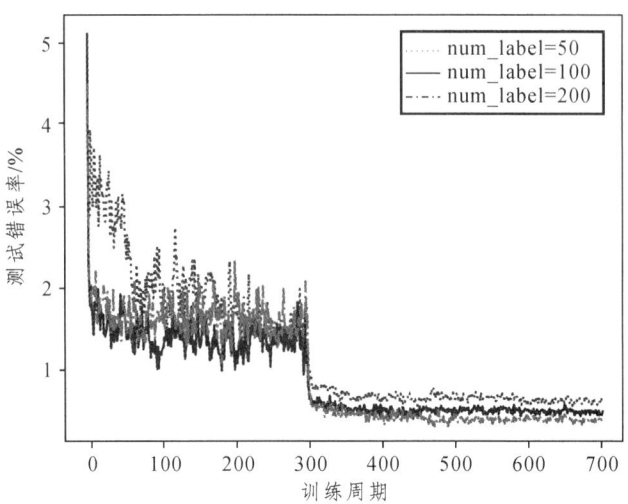

图 4.6 不同标签样本下，SST-ATJD 模型在 MNIST 上的分类错误率与训练周期关系

从图 4.7 中可以看出，对于相同数量的标记样本，计算时间随分类器损失函数的复杂性的增加而增加。图 4.8 所示为 10 次独立运行每次的最低错误率。

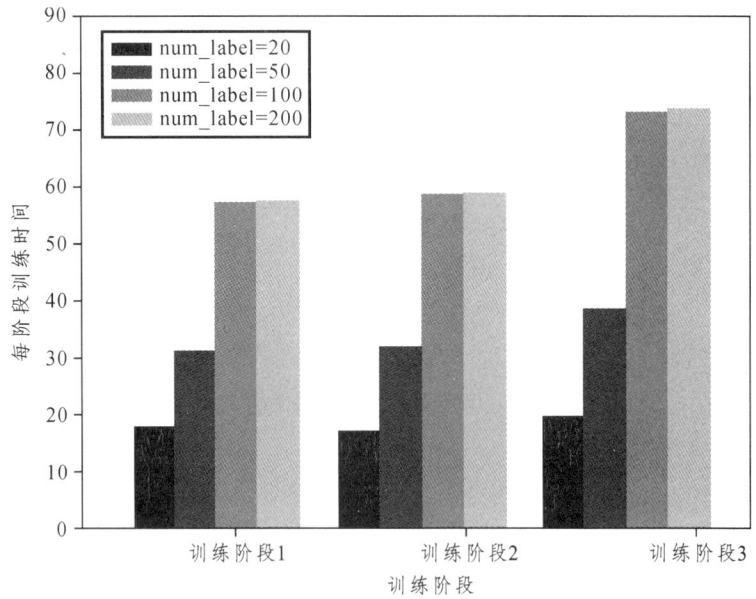

图 4.7 不同标签样本下，SST-ATJD 模型在 MNIST 上不同阶段的训练时间

第 4 章 基于生成对抗网络的半监督学习

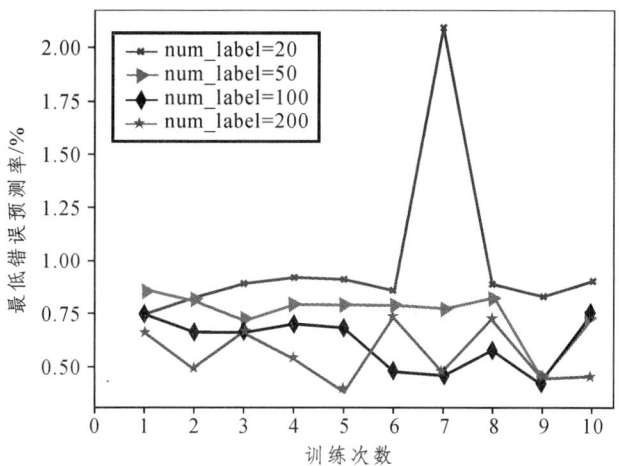

图 4.8 不同标签样本下，SST-ATJD 模型在 MNIST 上 10 次实验的结果展示

4.3.4 半监督生成

除了半监督分类外，提出的模型同样可以实现半监督条件生成。在训练的后期，条件生成样本可以有效地对标记样本的多样性进行扩充，从而进一步提高半监督分类的效果。因此，半监督分类效果与条件生成样本的类别可控性紧密相关。为了验证模型条件生成样本的可控性，拟从两个方面进行分析：第一，直接观测条件生成样本；第二，对条件生成样本进行分类识别。

观测是对条件生成样本的直观视觉认识，是生成样本可控性的直接验证，具有一定的可靠性。理论上，我们认为用于生成样本的隐变量 z 和标签变量 y 是相互独立的。因此，可以分两组实验来验证条件生成样本的类别是完全受标签 y 控制的。第一组：随机初始化相同的隐变量 z 和不同的类别标签 y。第二组：刚好相反，随机初始化相同的类别标签 y 和不同的隐变量 z。图 4.9~图 4.11 所示为三个数据集上的真实样本和条件生成样本对比，其中生成样本的每列具有相同的隐变量；每行具有相同的标签变量。从图中可以看出，生成样本的类别是完全受标签控制，而隐变量只控制了生成样本的其他特征。

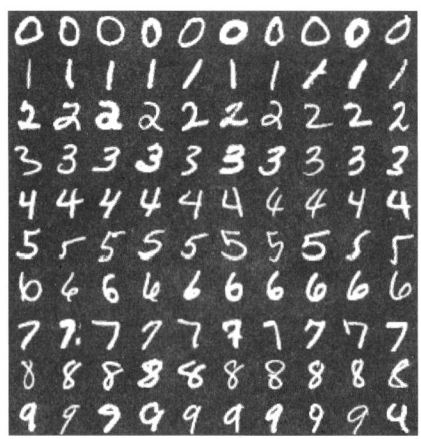 

（a）真实样本　　　　　　　　　（b）生成样本

图 4.9　MNIST 上的真实样本和 SSL-ATJD 模型条件生成样本

 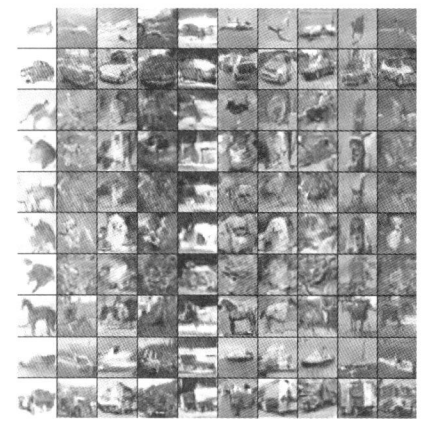

（a）真实样本　　　　　　　　　（b）生成样本

图 4.10　CIFAR10 上的真实样本和 SSL-ATJD 模型条件生成样本

对条件生成样本进行分类是另一种从计算机视觉的角度分析生成样本可控性的有效方法。为了便于验证，在 MNIST 数据上进行实验。首先，利用全部 60 000 个标记样本训练一个"完美"的深度卷积神经网络分类器 $\overline{C}$（错误率为 0.37%），其中"完美"分类器 $\overline{C}$ 的网络层结构与半监督模型中分类器 C 的网络结构相同；其次，从 60 000 个训练数样本中选择 100 个作为标记样本训练半监督学习模型,并保存训练好的分类器 C 和生成器 G;然后,从标签先验分布 $p_y(y)$ 中随机抽样 10 000 个标签 y,并将其送入生成器 G 中生成 10 000 个条件样本;最后,将 10 000 个条件生成样本分别送入半监督模型中分类器 C 和 "完美" 生成器 $\overline{C}$ 中,分别得到条件生成样本的预测标签 y' 和 $\overline{y'}$。

 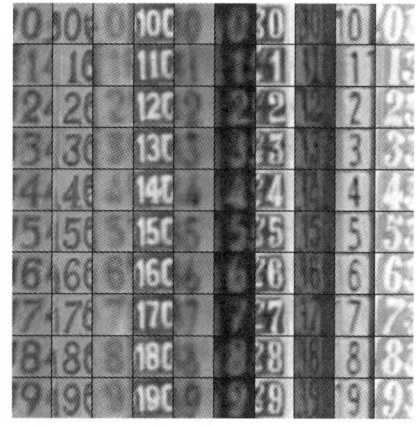

图(a)真实样本　　　　　　　　(b)生成样本

图 4.11　SVHN 上的真实样本和 SSL-ATJD 模型条件生成样本

表 4.6 是 MNIST 上生成样本的分类错误率比较。从该表中可以得出 3 条结论:第一,SSL-ATJD 模型的生成样本的可控性优于 TripleGAN 模型(1.02% < 1.75%);第二,就生成样本而言,半监督模型中(SSL-ATJD 和 TripleGAN)的分类器 C 的健壮性要强于 "完美" 生成器 $\overline{C}$(0.13% < 1.75%,0.17% < 1.02%),这与模型在测试集中的结论刚好相反;第三,TripleGAN 模型生成的样本中有更多的 "欺骗性" 样本(0.13% < 0.17%,1.3% < 1.02%),而这些 "欺骗性" 样本会给模型中分类器 C 的训练带来一定的干扰。

表 4.6　MNIST 上生成样本的分类错误率比较

方法	分类器 C	分类器 $\overline{C}$
TripleGAN	0.13	1.75
SSL-ATJD	0.17	1.02

图 4.12~图 4.17 分别展示的是 SSL-ATJD 模型生成的样本中，被 C 或者 $\overline{C}$ 错误识别的样本。从中至少可以提炼出两条结论：第一，有 90 个样本被 C 正确识别，但被 $\overline{C}$ 错误识别（见图 4.14），这说明 SSL-ATJD 模型中具有"欺骗性"的样本不超过 90 个；第二，有 4 个样本被 C 和 $\overline{C}$ 同时错误识别（见图 4.12），并且它们的预测标签不同，这说明至少有 4 个生成样本不是 MNIST 类型的数据样本，即生成失败。

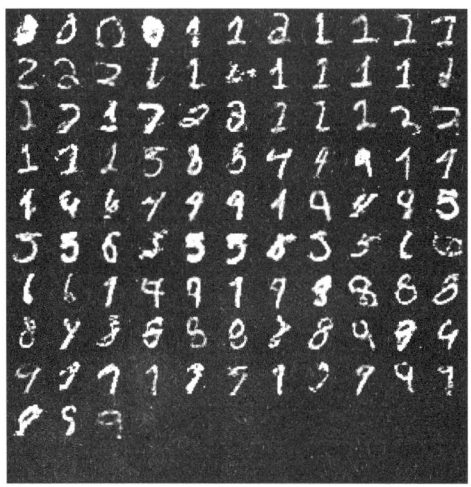

图 4.12　SSL-ATJD 模型生成样本中被 $\overline{C}$ 错误识别的样本

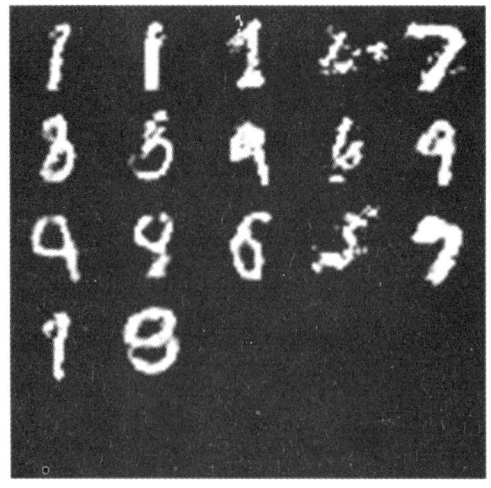

图 4.13　SSL-ATJD 模型生成样本中被 C 错误识别的样本

图 4.14　SSL-ATJD 模型生成样本中被 C 正确识别，但被 $\overline{C}$ 错误识别的样本

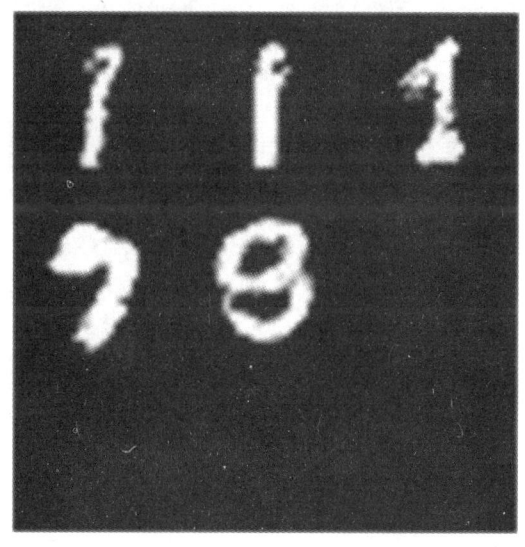

图 4.15　SSL-ATJD 模型生成样本中被 $\overline{C}$ 正确识别，但被 C 错误识别的样本

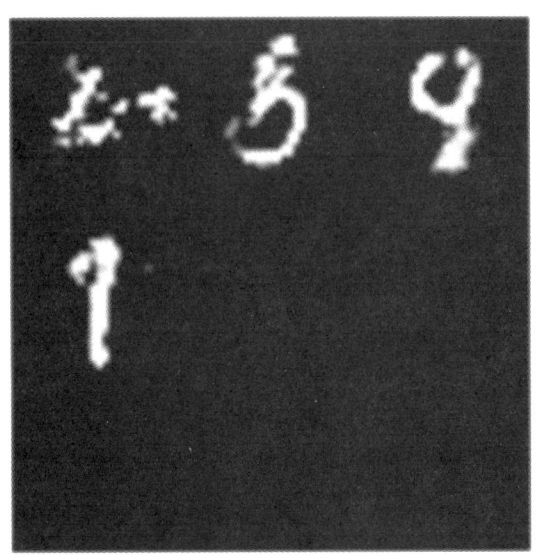

图 4.16　SSL-ATJD 模型生成样本中同时被 C 和 $\overline{C}$ 错误识别，但预测标签又不同的样本

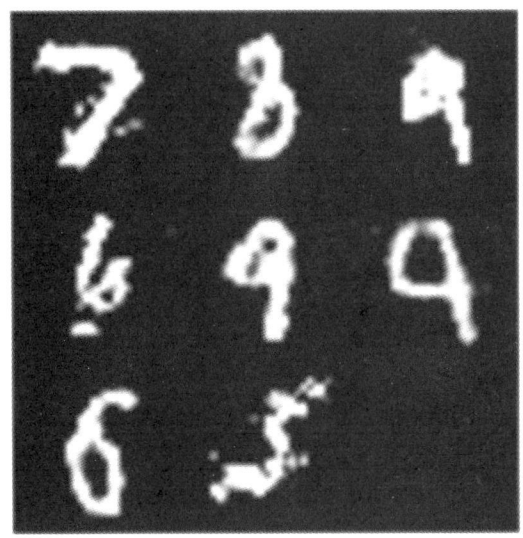

图 4.17　SSL-ATJD 模型生成样本中同时被 C 和 $\overline{C}$ 错误识别，但预测标签相同的样本

综上可知，由于生成器和分类器相互促进、相互协作，使得提出的模

型在半监督学习中表现出优异的性能。在半监督分类方面，SSL-ATJD 模型比其他所有半监督学习模型都有更好的效果，并且模型对标记样本数量表现出极强的适应性；在生成样本可控性方面，提出的模型生成的"欺骗性"样本更少，生成样本的可控性更强。

4.4 基于对抗训练的图像识别模型 ICAT

虽然相较于 CNN 模型以及 ACGAN 模型，第 3 章提出的 CP-ACGAN 模型显著提升了图像识别效果。但该模型也存在一定的风险：首先，判别器同时承担了类别真假属性判断以及样本分类的双重任务，因而一定程度上影响了分类效果；其次，CP-ACGAN 模型利用超参数在图像生成和图像识别之间进行选择，因此，要获得较好的分类效果就必要牺牲生成样本的视觉效果，即虽然CP-ACGAN模型中生成样本可以提高训练样本的多样性，但生成样本的视觉效果并不佳，尤其是在面对复杂数据时。

本章提出的基于联合分布间对抗训练的半监督学习模型 SSL-ATJD 在半监督分类方面表现出优异的性能，尤其是标记样本较少时，该模型的效果尤为显著。这种利用条件生成样本补充训练样本的多样性，并利用生成样本训练分类器，同时将分类器误差反向传播回生成器以提高其可控性的思想，可以进一步延伸到图像识别领域，解决数据集中训练样本不足以及类别不平衡的问题。基于此，本书提出一种基于对抗训练的图像识别模型 ICAT。该模型为监督学习模式，模型中样本生成与样本分类相互协作、相互促进，共同达到最优。在面对训小规模数据集以及非平衡数据集时，本书提出的 ICAT 模型均表现出较好的图像识别效果。

4.4.1 模型构造

综合利用条件生成对抗网络 CGAN 的条件生成能力和卷积神经网络 CNN 的识别能力，提出一种基于对抗训练的图像识别模型 ICAT。该模型由一个生成器 G、一个分类器 C 以及两个判别器 D_1、D_2 构成。图 4.18 所示为 ICAT 模型结构示意图。

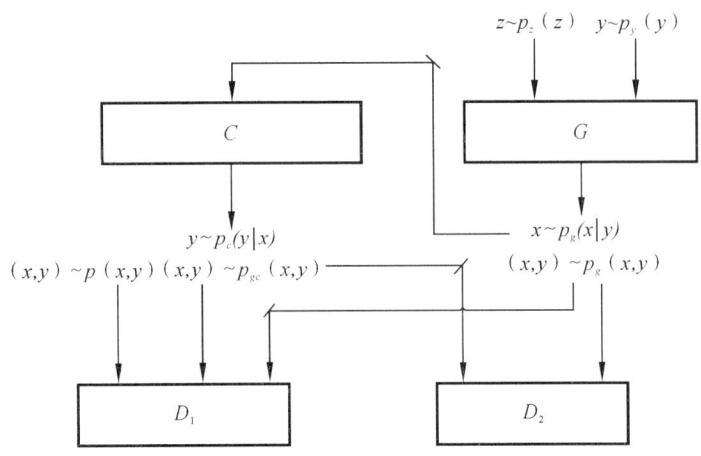

图 4.18 ICAT 模型结构示意图

图中，$p(x)$ 表示真实样本分布，$p_z(z)$ 和 $p_y(y)$ 分别是隐变量以及标签变量的先验分布。值得注意的是，$p_z(z)$ 可以定义为高斯分布或者均匀分布，而 $p_y(y)$ 则是训练样本的标签分布，尤其是在面对非平衡训练样本集时，$p_y(y)$ 的选择尤为重要。生成器、分类器以及判别器都是参数化的神经网络。ICAT 模型中包含三类联合分布进行对抗训练：真实样本与对应标签之间的联合分布 $p(x,y)$、标签与对应的条件生成样本之间的联合分布 $p_g(x,y)$ 以及条件生成样本与其对应的预测标签之间的联合分布 $p_c(x,y)$。

生成器 G 以随机隐变量 z 以及标签类别变量 y 为输入，并输出生成样本 $G(z,y)$。用 $p(x|y)$ 表示条件生成样本分布，则标签与条件生成样本之间的联合分布 $p_g(x,y)$ 可表示为

$$p_g(x,y) = p_y(y)p_g(x|y) \tag{4.30}$$

分类器 C 是一个类似于卷积神经网络 CNN 的图像分类网络，它的输入为条件生成样本 x，即 $x \sim p_g(x|y)$。设 x 通过分类器后的预测标签服从分布 $p_c(y|x)$，则条件生成样本与其对应的预测标签之间的联合分布 $p_{gc}(x|y)$ 表示为

$$p_{gc}(x,y) = p_g(x)p_c(y|x) \tag{4.31}$$

两个判别器 D_1、D_2 用于判别三类联合分布：D_1 将 $p(\boldsymbol{x},\boldsymbol{y})$ 与 $p_g(\boldsymbol{x},\boldsymbol{y})$、$p_{gc}(\boldsymbol{x},\boldsymbol{y})$ 区分开；D_2 则将 $p_g(\boldsymbol{x},\boldsymbol{y})$ 与 $p_{gc}(\boldsymbol{x},\boldsymbol{y})$ 区分开。设

$$V(G,C,D_1,D_2) = \sum_{i=1}^{3} V_i \qquad (4.32)$$

其中

$$V_1 = \mathbb{E}_{(\boldsymbol{x},\boldsymbol{y}) \sim p(\boldsymbol{x},\boldsymbol{y})}[\log D_1(\boldsymbol{x},\boldsymbol{y})] \qquad (4.33)$$

$$V_2 = \mathbb{E}_{(\boldsymbol{x},\boldsymbol{y}) \sim p_{gc}(\boldsymbol{x},\boldsymbol{y})}[\log(1-D_1(\boldsymbol{x},\boldsymbol{y})) \times D_2(\boldsymbol{x},\boldsymbol{y})] \qquad (4.34)$$

$$V_3 = \mathbb{E}_{(\boldsymbol{x},\boldsymbol{y}) \sim p_c(\boldsymbol{x},\boldsymbol{y})}[\log((1-D_1(\boldsymbol{x},\boldsymbol{y})) \times (1-D_2(\boldsymbol{x},\boldsymbol{y})))] \qquad (4.35)$$

则 ICAT 模型的优化目标函数表示为：$\min_{G,C} \max_{D_1,D_2} V(G,C,D_1,D_2)$。训练中，生成器 G、分类器 C 和判别器 D_i 关于目标函数 $V(G,C,D_1,D_2)$ 进行最小最大博弈。理论分析表明：当模型达到平衡时，三种联合分布相等，即 $p(\boldsymbol{x},\boldsymbol{y}) = p_{gc}(\boldsymbol{x},\boldsymbol{y}) = p_g(\boldsymbol{x},\boldsymbol{y})$。因此，一方面由 $p(\boldsymbol{x},\boldsymbol{y}) = p_g(\boldsymbol{x},\boldsymbol{y})$ 可推导出，$p_g(\boldsymbol{x}|\boldsymbol{y}) = p(\boldsymbol{x}|\boldsymbol{y})$，即生成器具有良好的可控性；另一方面，由于 $p_{gc}(\boldsymbol{x},\boldsymbol{y}) = p_g(\boldsymbol{x},\boldsymbol{y})$，且 $p_{gc}(\boldsymbol{x},\boldsymbol{y}) = p_g(\boldsymbol{x})p_c(\boldsymbol{y}|\boldsymbol{x})$，同时 $p_g(\boldsymbol{x},\boldsymbol{y}) = p_g(\boldsymbol{x})q_g(\boldsymbol{y}|\boldsymbol{x})$，其中 $q_g(\boldsymbol{y}|\boldsymbol{x})$ 是生成器 G 的反向推理网络。联立等式，则有

$$\forall \boldsymbol{x} \in p_g(\boldsymbol{x}), q_g(\boldsymbol{y}|\boldsymbol{x}) = p_c(\boldsymbol{y}|\boldsymbol{x}) \qquad (4.36)$$

因此，当模型达到平衡时，分类器 C 刚好是生成器 G 的反向推理网络。所以，条件生成样本通过分类器后可以解析出用于生成样本的标签。因此，在训练过程中，生成器和分类器在相互对抗又相互协作中共同达到最优。当模型达到平衡后，分类器可以实现对生成样本的分类；同时，又由于模型达到平衡后，有 $p_g(\boldsymbol{x}) = p(\boldsymbol{x})$。因此，分类器可以用于测试样本的标签预测。

4.4.2 理论分析

理论上，ICAT 模型有唯一的全局最优解，其证明思路与 SSL-ATJD 模型的收敛性证明相似。先固定生成器 G 和分类器 C，然后目标函数关于 D_1、

D_2 进行最大优化。

命题 4.3 当固定生成器 G 和分类器 C 时，ICAT 模型的目标函数 $V(G,C,D_1,D_2)$ 关于判别器 D_1、D_2 的极大值点为

$$D_1^* = \frac{p(\boldsymbol{x},\boldsymbol{y})}{p(\boldsymbol{x},\boldsymbol{y}) + p_g(\boldsymbol{x},\boldsymbol{y}) + p_{gc}(\boldsymbol{x},\boldsymbol{y})}$$

$$D_2^* = \frac{p_{gc}(\boldsymbol{x},\boldsymbol{y})}{p_g(\boldsymbol{x},\boldsymbol{y}) + p_{gc}(\boldsymbol{x},\boldsymbol{y})}$$

证明：由于生成器和判别器是固定的，因此，重新标记目标函数为 $V'(D_1,D_2)$。结合期望的定义，则 $V'(D_1,D_2)$ 的表达式可写为

$$V'(D_1,D_2) = \sum_{i=1}^{3} V_i' \tag{4.37}$$

其中

$$V_1' = \iint p(\boldsymbol{x},\boldsymbol{y}) \log D_1(\boldsymbol{x},\boldsymbol{y}) \mathrm{d}\boldsymbol{x}\mathrm{d}\boldsymbol{y} \tag{4.38}$$

$$V_2' = \iint p_{gc}(\boldsymbol{x},\boldsymbol{y}) \log((1-D_1(\boldsymbol{x},\boldsymbol{y})) \times D_2(\boldsymbol{x},\boldsymbol{y})) \mathrm{d}\boldsymbol{x}\mathrm{d}\boldsymbol{y} \tag{4.39}$$

$$V_3' = \iint p_c(\boldsymbol{x},\boldsymbol{y}) \log((1-D_1(\boldsymbol{x},\boldsymbol{y})) \times D_2(\boldsymbol{x},\boldsymbol{y})) \mathrm{d}\boldsymbol{x}\mathrm{d}\boldsymbol{y} \tag{4.40}$$

要求目标函数的极大值点，先从 $V'(D_1,D_2)$ 中提取出被积函数，记为 $F(D_1,D_2)$；然后再求它关于判别器 D_1、D_2 的一阶导数，有

$$\frac{\partial F}{\partial D_1} = \frac{p(\boldsymbol{x},\boldsymbol{y})}{D_1(\boldsymbol{x},\boldsymbol{y})} - \frac{p_{gc}(\boldsymbol{x},\boldsymbol{y}) + p_g(\boldsymbol{x},\boldsymbol{y})}{1 - D_1(\boldsymbol{x},\boldsymbol{y})} \tag{4.41}$$

$$\frac{\partial F}{\partial D_2} = \frac{p_{gc}(\boldsymbol{x},\boldsymbol{y})}{D_2(\boldsymbol{x},\boldsymbol{y})} - \frac{p_g(\boldsymbol{x},\boldsymbol{y})}{1 - D_2(\boldsymbol{x},\boldsymbol{y})} \tag{4.42}$$

所以，函数 $F(D_1,D_2)$ 唯一的驻点为 $M(D_1^*,D_2^*)$。$F(D_1,D_2)$ 关于 D_1、D_2 的

二阶导数为

$$\frac{\partial^2 F}{\partial D_1^2} = -\left(\frac{p(\boldsymbol{x},\boldsymbol{y})}{D_1^2(\boldsymbol{x},\boldsymbol{y})} - \frac{p_{gc}(\boldsymbol{x},\boldsymbol{y}) + p_g(\boldsymbol{x},\boldsymbol{y})}{(1-D_1(\boldsymbol{x},\boldsymbol{y}))^2}\right) < 0 \quad (4.43)$$

$$\frac{\partial^2 F}{\partial D_2^2} = -\left(\frac{p_{gc}(\boldsymbol{x},\boldsymbol{y})}{D_2^2(\boldsymbol{x},\boldsymbol{y})} - \frac{p_g(\boldsymbol{x},\boldsymbol{y})}{(1-D_2(\boldsymbol{x},\boldsymbol{y}))^2}\right) < 0 \quad (4.44)$$

$$\frac{\partial^2 F}{\partial D_1 \partial D_2} = 0 \quad (4.45)$$

$D_i(\boldsymbol{x},\boldsymbol{y}) \in [0,1]$，故唯一的驻点 $M(D_1^*, D_2^*)$ 为极大值点，也是最大值点。

命题 4.4　D_1，D_2 为最优解时，当且仅当 $p(\boldsymbol{x},\boldsymbol{y}) = p_{gc}(\boldsymbol{x},\boldsymbol{y}) = p_g(\boldsymbol{x},\boldsymbol{y})$，目标函数 $V(G,C,D_1,D_2)$ 关于生成器 G 和分类器 C 取得最优。此时，$D_1^*(\boldsymbol{x},\boldsymbol{y}) = \frac{1}{3}$，$D_2^*(\boldsymbol{x},\boldsymbol{y}) = \frac{1}{2}$，且 $V(G,C,D_1,D_2)$ 的最优值为 $-3\log 3$。

证明：令 $\Delta = p(\boldsymbol{x},\boldsymbol{y}) + p_g(\boldsymbol{x},\boldsymbol{y}) + p_{gc}(\boldsymbol{x},\boldsymbol{y})$ 并利用 $D_i^*(\boldsymbol{x},\boldsymbol{y})$ 替换 $D_i(\boldsymbol{x},\boldsymbol{y})$，然后将目标函数重新写为

$$\begin{aligned}U(G,C) &= \max_{D_1,D_2} V(G,C,D_1,D_2) \\&= \mathbb{E}_{(\boldsymbol{x},\boldsymbol{y}) \sim p(\boldsymbol{x},\boldsymbol{y})}\left[\frac{p(\boldsymbol{x},\boldsymbol{y})}{\Delta}\right] + \mathbb{E}_{(\boldsymbol{x},\boldsymbol{y}) \sim p_g(\boldsymbol{x},\boldsymbol{y})}\left[\frac{p_g(\boldsymbol{x},\boldsymbol{y})}{\Delta}\right] \\&\quad + \mathbb{E}_{(\boldsymbol{x},\boldsymbol{y}) \sim p_{gc}(\boldsymbol{x},\boldsymbol{y})}\left[\frac{p_{gc}(\boldsymbol{x},\boldsymbol{y})}{\Delta}\right]\end{aligned}$$

(4.46)

然后，根据定义 4.3 和定义 4.4，将等式（4.46）转化为

$$\begin{aligned}U(G,C) &= -3\log 3 + \mathrm{KL}\left(p(\boldsymbol{x},\boldsymbol{y}) \| \frac{\Delta}{3}\right) + \\&\quad \mathrm{KL}\left(p_g(\boldsymbol{x},\boldsymbol{y}) \| \frac{\Delta}{3}\right) + \mathrm{KL}\left(p_{gc}(\boldsymbol{x},\boldsymbol{y}) \| \frac{\Delta}{3}\right) \\&\triangleq -3\log 3 + \mathrm{JS}(p(\boldsymbol{x},\boldsymbol{y}), p_g(\boldsymbol{x},\boldsymbol{y}), p_{gc}(\boldsymbol{x},\boldsymbol{y}))\end{aligned}$$

由性质 4.2 可知,当且仅当 $p(\boldsymbol{x},\boldsymbol{y})=p_{gc}(\boldsymbol{x},\boldsymbol{y})=p_g(\boldsymbol{x},\boldsymbol{y})$ 时,JS($p(\boldsymbol{x},\boldsymbol{y})$, $p_g(\boldsymbol{x},\boldsymbol{y})$, $p_{gc}(\boldsymbol{x},\boldsymbol{y})$),有最小值 0。此时,目标函数 $U(G,C)$ 取得最小值 $-3\log 3$,且 $D_1^*(\boldsymbol{x},\boldsymbol{y})=\dfrac{1}{3}$,$D_2^*(\boldsymbol{x},\boldsymbol{y})=\dfrac{1}{2}$。

4.4.3 模型训练

与 SSL-ATJD 模型一样,训练中,可在 ICAT 模型的分类器中引入真实样本的标签后验误差 ψ_l 和生成样本标签后验误差 ψ_g 以加速模型收敛。ICAT 模型的算法流程如下:

算法 3:SSL-ATJD 训练流程

输入:标签数据对 $(\boldsymbol{x},\boldsymbol{y})$

输出:生成器 G、判别器 D_i 以及分类器 C

初始化生成器参数 $\boldsymbol{\theta}_G$,判别器参数 $\boldsymbol{\theta}_{D_1}$、$\boldsymbol{\theta}_{D_2}$,分类器 $\boldsymbol{\theta}_C$

重复

    取一批次的标签数据对 $(\boldsymbol{x}_i,\boldsymbol{y}_i)\sim p(\boldsymbol{x},\boldsymbol{y}), i=1,2,\cdots,N$

从先验分布 $\overline{\boldsymbol{y}_i}\sim p_y(\boldsymbol{y}), i=1,2,\cdots,N$ 中取一批次标签

计算条件生成样本 $\overline{\boldsymbol{x}_i}\sim p_g(\boldsymbol{x}|\overline{\boldsymbol{y}_i}), i=1,2,\cdots,N$

计算条件生成样本的预测标签 $\overline{\boldsymbol{y}_i'}\sim p_c(\boldsymbol{y}|\overline{\boldsymbol{x}_i}), i=1,2,\cdots,N$

计算标签后验误差 $\psi_l=\mathbb{E}_{(\boldsymbol{x},\boldsymbol{y})\sim p(\boldsymbol{x},\boldsymbol{y})}[-\log p_c(\boldsymbol{y}|\boldsymbol{x})]$,$\psi_g=\mathbb{E}_{(\boldsymbol{x},\boldsymbol{y})\sim p_g(\boldsymbol{x},\boldsymbol{y})}[-\log p_c(\boldsymbol{y}|\boldsymbol{x})]$

$\delta_{11}\leftarrow D_1(\boldsymbol{x}_i,\boldsymbol{y}_i), \delta_{12}\leftarrow D_1(\overline{\boldsymbol{x}_i},\overline{\boldsymbol{y}_i'}), \delta_{13}\leftarrow D_1(\overline{\boldsymbol{x}_i},\overline{\boldsymbol{y}_i})$

$\delta_{21}\leftarrow D_2(\overline{\boldsymbol{x}_i},\overline{\boldsymbol{y}_i}), \delta_{22}\leftarrow D_2(\overline{\boldsymbol{x}_i},\overline{\boldsymbol{y}_i'})$

$L_{D_1}\leftarrow -\dfrac{1}{N}\sum_{i=1}^N(\log\delta_{11}+\log(1-\delta_{12})+\log(1-\delta_{13}))$

$L_{D_2}\leftarrow -\dfrac{1}{N}\sum_{i=1}^N(\log(1-\delta_{21})+\log\delta_{22})$

$L_G\leftarrow -\dfrac{1}{N}\sum_{i=1}^N(\log\delta_{12}+\log\delta_{21})$

$$L_C \leftarrow -\frac{1}{N}\sum_{i=1}^{N}(\log \delta_{13}+\log(1-\delta_{22}))+\psi_l+\psi_g$$

$$\theta_{D_1} \leftarrow \theta_{D_1}-\nabla_{\theta_{D_1}}L_{D_1}, \theta_{D_2} \leftarrow \theta_{D_2}-\nabla_{\theta_{D_2}}L_{D_2}$$

$$\theta_G \leftarrow \theta_G - \nabla_{\theta_G}L_G$$

$$\theta_C \leftarrow \theta_C - \nabla_{\theta_C}L_C$$

直到 收敛

4.5 ICAT 模型实验与结果分析

实验分两部分进行：第一部分，在广泛使用的 MNIST 和 SVHN 数据集上讨论 ICAT 模型在均衡数据集上的图像识别与生成能力；第二部分将 ICAT 模型应用于脉冲星候选体数据集识别中，讨论模型在非平衡数据集上的识别与生成效果（见第 5 章）。在均衡数据集下，为进一步讨论 ICAT 模型在小规模数据集上图像识别与生成效果，从 MNIST 数据的训练样本中分别随机抽取 10 000、20 000、30 000 和 40 000 个样本作为训练样本（每个类样本数相同）；同时从 SVHN 的训练集中分别抽取 20 000、30 000、40 000 和 45 000 个样本作为训练样本进行模型训练（每个类样本数相同）。最后在测试集上观测模型的图像分类效果。

4.5.1 网络层结构与超参数

ICAT 模型是对 SSL-ATJD 模型的进一步改进。因此，在生成器、分类器和判别器的网络结构上与 SSL-ATJD 模型均有相似之处。同样模型中两个判别器除最后一层参数不同外，其他层共享参数。图 4.19~图 4.21 和图 4.22~图 4.24 分别是 ICAT 模型在 MNIST 和 SVHN 上的生成器、分类器和判别器的网络层结构。

所有的实验都是在深度学习框架 Theano 下完成的，训练批量大小 batchsize 设置为 100。Adam 算法被用于模型的优化，其中超参数 β_1、β_2 分别设置为 0.5、0.999，MNIST、SVHN 上的学习率分别设置为 0.001、0.000 3。隐变量 z 采用高斯分布进行初始化，维度设置为100。生成器的输入标签 y 与每个批次的训练样本的标签一致。

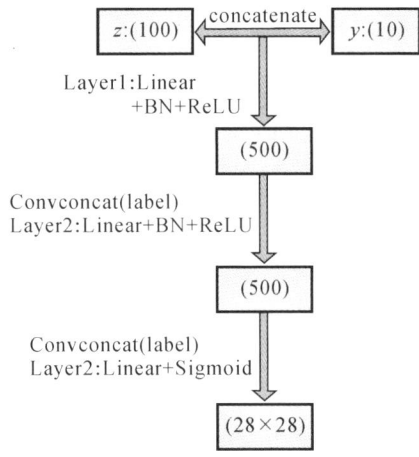

图 4.19 ICAT 模型在 MNIST 上的生成器结构

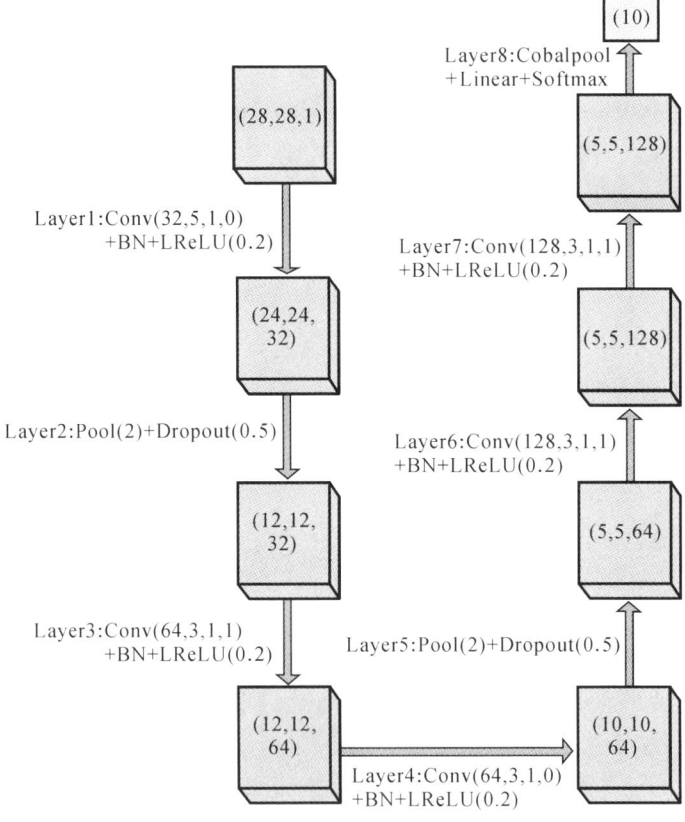

图 4.20 ICAT 模型在 MNIST 上的分类器结构

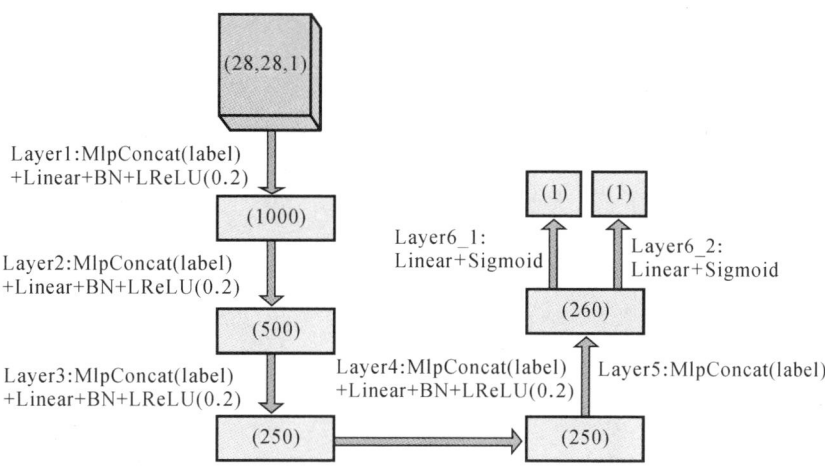

图 4.21 ICAT 模型在 MNIST 上的判别器结构

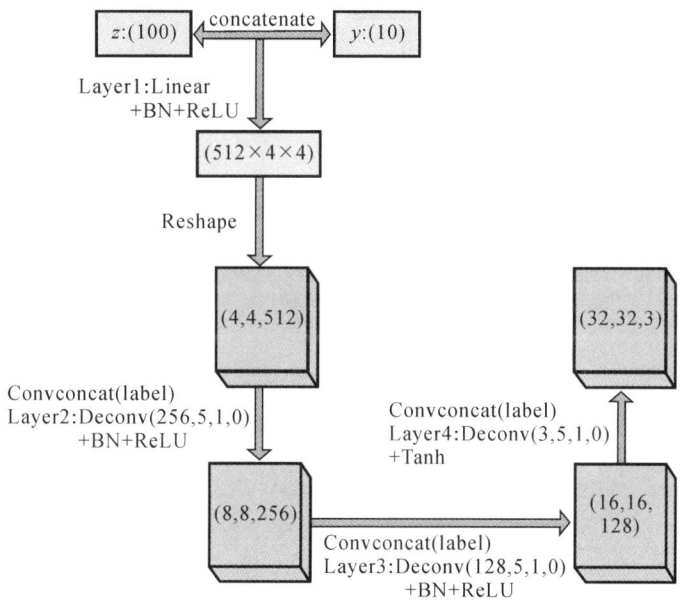

图 4.22 ICAT 模型在 SVHN 上的生成器结构

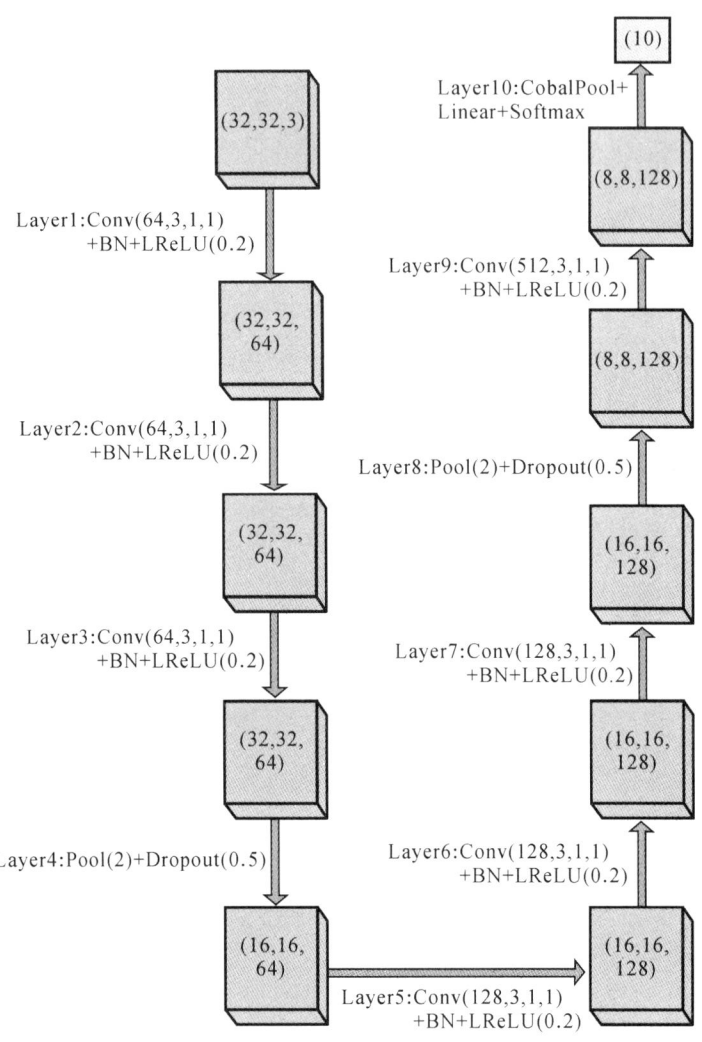

图 4.23 ICAT 模型在 SVHN 上的分类器结构

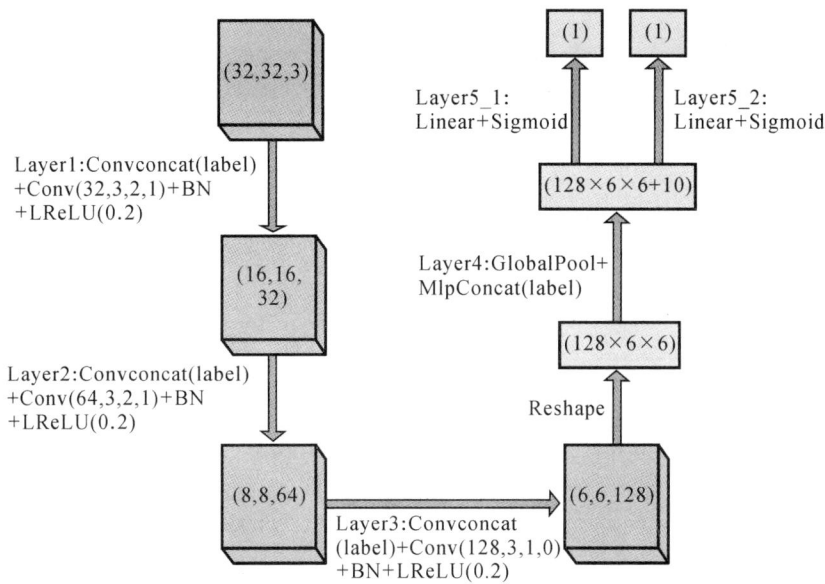

图 4.24 ICAT 模型在 SVHN 上的判别器结构

4.5.2 图像分类

表 4.7、表 4.8 分别列出了 MNIST、SVHN 上的分类效果。为了增加实验的可比性,每组实验结果都是独立运行 5 次得出的平均值,图 4.25 和图 4.26 分别是 MNIST 和 SVHN 数据上 5 次独立实验的识别错误率比较。对比实验中,CNN 模型的网络结构与 ICAT 模型中分类器的网络结构相同;40PCA+SVM 表示先利用主成分分析(Principal Component Analysis,PCA)提取 40 个主成分因子,然后再利用主成分因子训练 SVM 分类器。同理,40PCA+KNN 方法则是利用样本主成分训练 K 近邻模型,其中 K 取值为 6。

表 4.7 不同模型在 MNIST 上的错误率(%)

方法	N=10 000	N=20 000	N=30 000	N=40 000	N=all
KNNEuclidean(L2)	4.97	3.91	3.46	3.41	3.12
40PCA+KNN(L2)	4.01	2.99	2.78	2.60	2.54

续表

方法	N=10 000	N=20 000	N=30 000	N=40 000	N=all
RBF-SVM	2.82	2.15	1.85	1.59	1.46
40PCA+SVM	2.65	1.96	1.78	1.66	1.52
CNN	0.59	0.47	0.42	0.39	0.35
ICAT	0.42±0.012	0.33±0.021	0.33±0.014	0.31±0.019	0.28±0.019

表 4.8 不同模型在 SVHN 上的错误率（%）

方法	N=20 000	N=30 000	N=40 000	N=45 000	N=all
CNN	5.39	4.62	4.45	4.42	3.52
ICAT	4.85±0.062	4.36±0.132	4.08±0.066	3.85±0.04	3.10±0.056

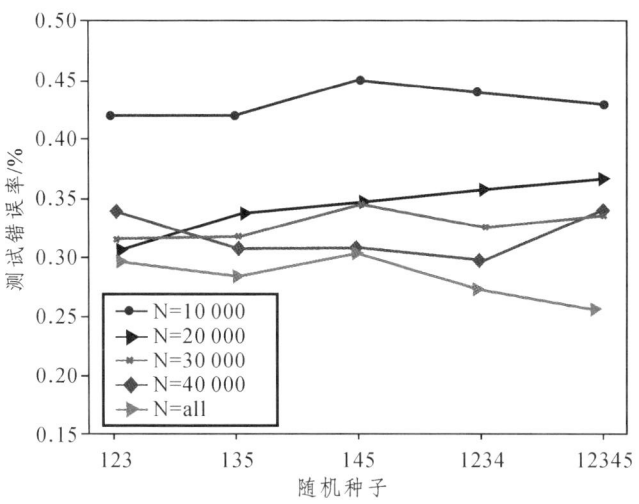

图 4.25 ICAT 模型在 MNIST 上 5 次实验的错误率

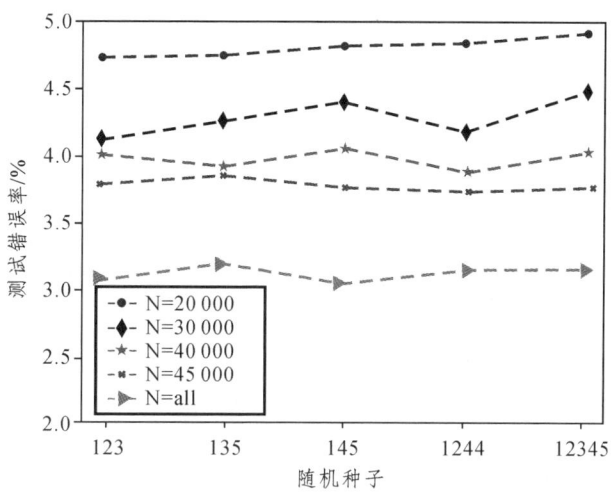

图 4.26　ICAT 模型在 SVHN 上 5 次实验的错误率

从表 4.7 中可以看出，随着训练样本数量的增加，样本的多样性也得到相应提升。因此，各种模型的识别效果也相应提高。在相同数量的训练样本下，CNN 模型的识别效果优于 PCA+SVM 和 PCA+KNN，而提出的 ICAT 模型则优于 CNN。与卷积神经网络相比，ICAT 模型的识别效果分别提高了 0.16%、0.12%、0.09%、0.08%和 0.07%。因此，对于不同数量的训练样本，ICAT 模型在 MNIST 数据上的识别效果都要全面优于 CNN 模型。从识别率提高的幅度看，样本数较少时，提升的幅度较大；样本数较多时，提升的幅度较小。这主要是因为样本数较少时，训练样本的多样性缺乏较为严重，因此 ICAT 模型生成样本补充多样性的效果相对比较显著；当样本数较多时，训练样本的多样性比较丰富，因此，提升幅度相对较低。但训练集中的样本不能太少，过少的训练样本会导致样本生成失败，从而给分类模型带来负面影响。

从表 4.8 中可以得出结论：在 SVHN 数据上，随着训练样本数的增加，模型的分类效果相应地得到提升；对于相同数量的训练样本，提出的 ICAT 模型明显优于 CNN 模型，识别率分别提高了 0.54%、0.26%、0.37%、0.39%和 0.42%。

4.5.3 生成样本可控性分析

ICAT 模型的基本原理是通过生成样本扩充训练样本的多样性。因此，生成样本的可控性是提升识别效果的关键。图 4.27、图 4.28 和图 4.29、图 4.30 分别是在对应训练样本数量下，ICAT 模型在 MNIST 和 SVHN 上的生成图像。

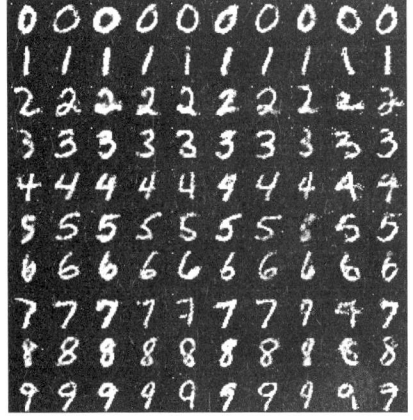

（a）训练样本为 10 000　　　　　　（b）训练样本为 20 000

图 4.27　ICAT 模型在 MNIST 上的生成样本（训练样本为 10 000 和 20 000）

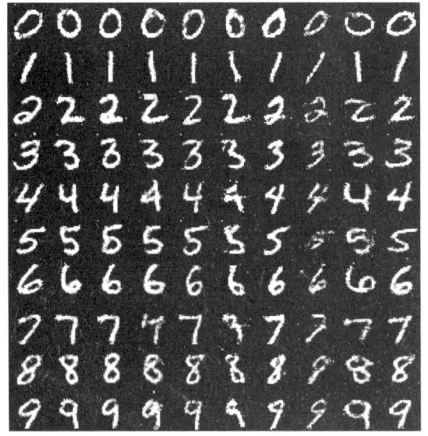 

（a）训练样本为 30 000　　　　　　（b）训练样本为 40 000

图 4.28　ICAT 模型在 MNIST 上的生成样本（训练样本为 30 000 和 40 000）

第 4 章 基于生成对抗网络的半监督学习

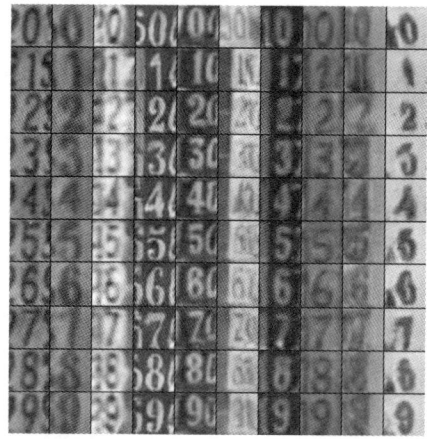

（a）训练样本为 20 000

（b）训练样本为 30 000

图 4.29　ICAT 模型在 SVHN 上的生成样本（训练样本为 20 000 和 30 000）

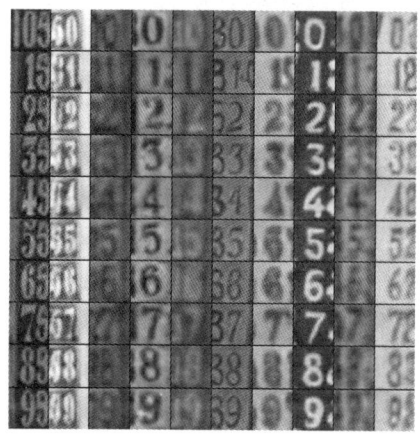

（a）训练样本为 40 000

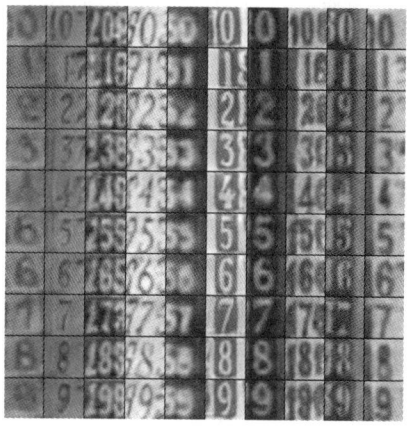

（b）训练样本为 45 000

图 4.30　ICAT 模型在 SVHN 上的生成样本（训练样本为 40 000 和 45 000）

从图 4.27~图 4.30 可以看出，随着训练样本的增加，生成图像的质量不断提高，同时可控性也相应地增强。相反，过少的训练样本会导致生成的图像质量下降，可控性减弱，最终反而削弱分类器的识别效果。

为了进一步量化 ICAT 模型生成样本的可控性，进行如下实验：首先在 MNIST 数据集上训练一个近乎"完美"的生成器（准确率为 99.65%）；然后在不同数量的训练集上训练 CGAN、ACGAN 以及 ICAT 模型,并随机初始化 10 000 个标签(每个类别 1 000 个),同时将 10 000 个标签输入 CGAN、ACGAN 和 ICAT 模型中生成对应的 10 000 个条件生成样本;最后利用"完美"生成器对三种模型生成的样本进行分类。表 4.9 是不同数量的训练集上的错误识别数比较。

表 4.9 MNIST 上生成样本分类错误数

方法	$N=10\ 000$	$N=20\ 000$	$N=30\ 000$	$N=40\ 000$
CNN	228	133	105	93
ACGAN	235	137	103	94
ICAT	186	128	93	78

尽管分类器并不是真正的完美,但这组实验已经足够说明:

(1)随着训练样本数的增加,ICAT、ACGAN 以及 CGAN 模型的生成样本分类错误数逐渐减小,即生成样本的可控性不断增强。

(2)在相同数量的训练样本下,ICAT 模型的生成样本分类错误数明显小于 ACGAN 和 CGAN 模型,因此,ICAT 模型的可控性也要强于 ACGAN 和 CGAN 模型。

综上,通过在 MNIST 和 SVHN 上的实验表明:在训练样本数有限时,ICAT 模型可以通过生成样本补充训练样本的多样性,从而提高分类器效果;反之,分类器误差也会反向传播回生成器,以促进生成样本的可控性。ICAT 模型不仅提高了图像分类效果,而且其生成样本的可控性也得到了同步提升。

第 5 章 脉冲星候选体识别

本章主要讨论本书提出的模型在脉冲星候选体识别中的应用。脉冲星是一种高度磁化的旋转中子星,由于它不断地发出电磁脉冲信号,因此称为脉冲星(Pulsar)。1967 年,当时还是剑桥大学研究生的 Bell 利用导师 Hewish 领导研究的射电望远镜无意中发现了一些周期稳定的信号,人类由此发现了第一颗脉冲星。目前,人类总共发现的脉冲星数量大约为 3 000 颗。脉冲星可以看成是一种自然界极端条件下的实验室,它的发现在物理和天文学上都有着重大的意义。要发现脉冲星,人类必须借助射电天文望远镜。1937 年,美国人 Grote Reber 自制了 9 m 口径的抛物面射电望远镜,成为射电天文学的先驱之一。目前,全球大型单天线射电望远镜主要有中国的 500 m 口径射电天文望远镜 FAST、美国 Arecibo 350 m 口径射电望远镜、澳大利亚 Parkes 64 m 口径射电天文望远镜及德国 Bonn 100 m 口径射电天文望远镜。

FAST 是目前世界上最大的单口射电天文望远镜,它位于贵州省平塘县,于 2016 年 9 月底建成。FAST 的搜索频段为 70 MHz~3 GHz,它拥有极高的灵敏度,因此,更有利于发现宇宙中存在的微弱信号。目前,FAST 调试期已完成,且早期科学研究初见成效。2017 年 10 月 10 日,中国科学院国家天文台举行了 FAST 首批成果新闻发布会,正式发布了中国射电望远镜首次发现脉冲星的成果。FAST 团组利用位于贵州师范大学的 FAST 早期科学中心进行数据处理,探测到数十个优质脉冲星候选体,经国际合作,如利用澳大利亚 64 m Parkes 望远镜,进行后随观测认证,目前两颗脉冲星已通过系统认证,其中一颗为脉冲星 J1859-01(又名 FP1),自转周期为 1.83 s,距离地球 1.6 万光年;另一颗为脉冲星 J1931-01(又名 FP2),自转周期为 0.59 s,距离地球约 4 100 光年。2018 年 2 月 27 日,FAST 首次发现了一颗毫秒脉冲星，编号为 J0318+0253，自转周期为 5.19 ms，距离地球大约 4 000 光年，它是至今发现的射电流量最弱的高能毫秒脉冲星之一。2019 年 7 月 10 日，通过对跟踪观测 20 min 的数据进行搜索，得到了一颗高轨道加速的脉冲双星，周期为 2.18 ms，色散为 28，大约距地球 1.46 万光年。目前，FAST 总共发现并得到认证的新脉冲星已经超过 100 颗，并且随着 19 波束接收机的投入使用，将会有更多的新脉冲星被发现。

脉冲星候选体数据集是典型的非平衡数据集，它的非平衡性表现为正负样本悬殊且正类样本极度缺乏。例如，由 Pakers 天文台和德国 Effelsberg 天文台联合开展的巡天项目 High Time Resolution Universe（HTRU）得到的观察数据，处理后产生的候选体数据集包含正样本 1 196 个，负样本 89 996 个，正负样本的比例为 1∶75，属于极端不平衡数据集。以卷积神经网络为代表的深度学习虽在图像识别领域表现出优异的成绩，但面对非平衡图像时，会出现模型倾斜、识别效果欠佳等问题。对于脉冲星候选体这类非平衡数据集，少数类才是研究者们更加关心的。因此，漏报将会带来巨大的损失。生成对抗网络以对抗训练的形式学习到真实样本分布，并生成新的样本。因此，将其应用于非平衡数据分类时，可以较大限度地缓解数据的非平衡性带来的困扰。第 3、4 章已经验证了提出的 CP-ACGAN 和 ICAT 模型在均衡图像数据集上的识别效果。本章将模型进一步应用到脉冲星候选体数据集中，以解决高维非平衡图像数据的识别问题。另外，还将提出的半监督学习模型 SSL-ATJD 应用到脉冲星候选体数据集中，探索非平衡数据的半监督学习问题，同时也缓解了对标签样本的依赖。

5.1 脉冲星信号的搜索与判别

5.1.1 脉冲星信号的搜索

脉冲星是具有稳定周期信号的独特天体，它发射的脉冲信号可以在无线电波段被检测到。射电望远镜是寻找脉冲星的有力工具，望远镜口径越大，它的灵敏度越高，就越有利于发现宇宙中的微弱脉冲信号。FAST 是目前世界上单口径最大的射电望远镜，因此，它也具有最高的灵敏度。射电望远镜通过巡天项目收集来自宇宙太空的信号，然后通过分析这些信号发现脉冲星。接收机接收到关于时间序列和频率通道上采样的离散数据，这些原始数据文件采用 FITS 或者 PSRFITS 格式进行存储；然后通过管道处理系统对原始数据进行处理并得到脉冲星候选体图像；最后再从中筛选出优质的脉冲星信号并通过其他望远镜进行认证。目前使用较为广泛的管道处理系统为 Plusar Exploration and Search Tookit（PRESTO），它已帮助发现了超过 600 颗脉冲星。FAST 也使用了该系统处理分析接收到的数据。一个典型的脉冲星搜索过程包括以下几个步骤：

（1）消除观测数据中的频段干扰信号（Radio-frequency Interference，RFI）。由于 FAST 搜索的频段为 70 MHz~3 GHz，而该频段也涵盖了人类活动通信频段。因此，接收的信号不可避免地会受到人类活动的干扰，地面的广播电台、移动通信、空中的飞机、卫星通信等都会对数据有影响。所以，在数据处理之前，必须先消除观测数据中的干扰信号。

（2）消色散处理。由于不同频率的信号在星际介质中的传播速度不同，导致不同频率的信号出现延时。不同频率上的信号达到的时差表示为

$$t_2 - t_1 = D \times \left(\frac{1}{f_2^2} - \frac{1}{f_1^2} \right) \times \mathrm{DM} \tag{5.1}$$

式中，D 为色散常数，且 $D = \mathrm{e}^2 / (2\pi m_\mathrm{e} c) = 4.15 \times 10^3 \ \mathrm{MHz}^2 \cdot \mathrm{pc}^{-1} \cdot \mathrm{cm}^3 \cdot \mathrm{s}$；DM 为色散量，且 $\mathrm{DM} = \int_0^d n_\mathrm{e} \mathrm{d}l$。色散量表示信号所经过的路径上的电子密度的总含量，是一个与距离相关的量，其值一般在 0~2 000。由时差计算公式可知，高频信号先于低频信号达到地球。如果不进行消色散处理，可能会导致接收到的脉冲信号被展开、变形甚至平滑消失。因此，消色散对脉冲星的搜索过程极为重要。要消除色散，只需要对接收的信号按频率通道在时间轴上做时差平移就可以了。由于我们并不知道接收到的信号的色散量，只有进行逐步尝试。例如假定 DM 取值为 0~2 000，在这个范围内按步长为

0.5 进行 4 000 个 DM_i 遍历。所以整个消色散过程在 PRESTO 中时间占比最大。目前在 FAST 数据处理中，这部分已移植到 GPU 上进行，因而大大缩减了计算时间。

（3）周期搜索。消色散处理的是各个通道中时间序列上的采样数据。因此，要观察这些数据的周期，可以将每一个时间序列上的采样数据转化到频率域进行观察。快速傅里叶变换 FFT 成为这一步处理的重要工具，周期性的信号在频率谱上会呈现"尖峰"形状，所以可以依此找出信号可能的周期。

（4）折叠。由于噪声的影响，单个周期的信号的信噪比比较低，不易发现，所以可以通过时间轴上按可能的周期进行信号叠加以提高信噪比。

（5）候选体筛选与识别。折叠后生成的候选体是一幅与色散值和周期的组合相对应的图像，由于消色散采用了遍历策略，所以一个观测文件会产生大量的候选体图像。图 5.1 和图 5.2 分别是正、负候选体诊断图。

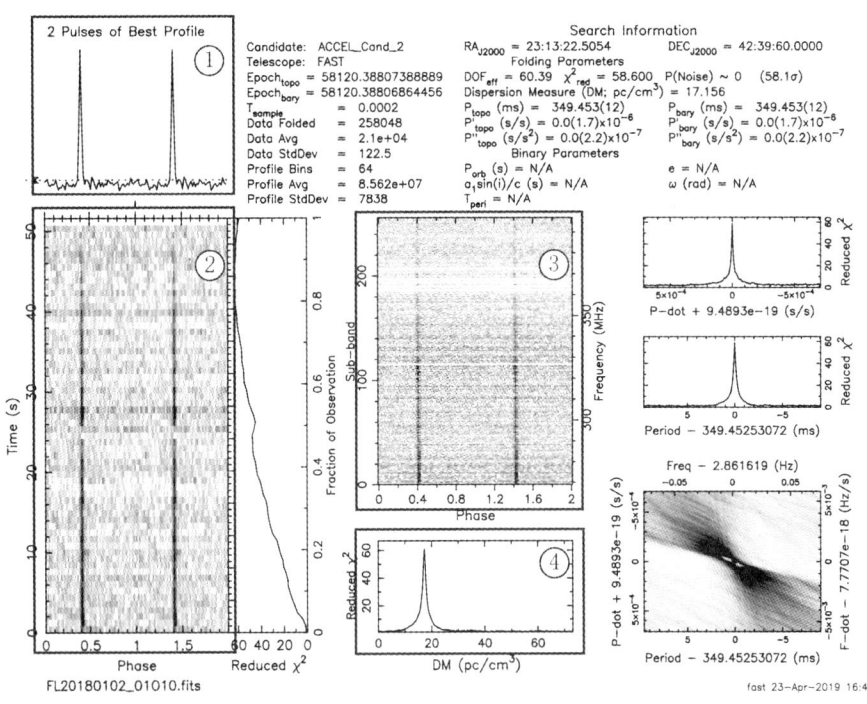

图 5.1 脉冲星诊断图（正）

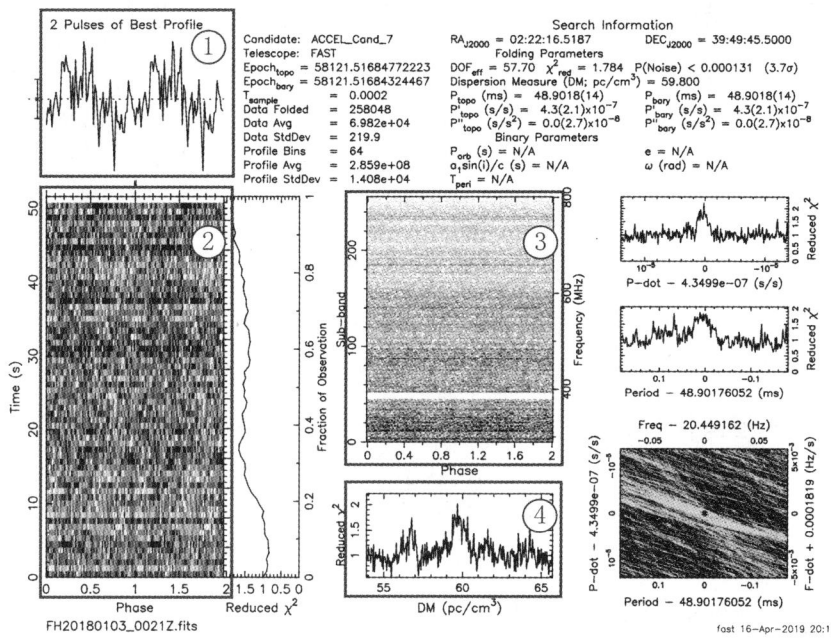

图 5.2 脉冲星诊断图（负）

5.1.2 脉冲星候选体判别

候选体诊断图包括一个脉冲轮廓图、一个时间相位图、一个频率相位图以及 DM 曲线图。

（1）脉冲轮廓。该图是对所有频率通道和时间间隔上的数据求和而得，它是辐射信号随时间周期变化的曲线。通常，脉冲星的轮廓图包含一个或多个较窄的波峰，如图 5.1 中的①所示。

（2）时间相位图。该图是通过对不同频率通道上的数据求和而得，如图 5.1 中的②所示。如果图中有一条或者多条竖直直线，就表示接收到了一个脉冲信号。对时间相位图按时间间隔求和后得到脉冲轮廓图。

（3）频率相位图。该图是通过时间间隔上叠加数据而得，如图 5.1 中的③所示。同样地，如果在频率相位图中出现了一条或多条竖直直线，表示这是一个脉冲信号。另外，对频率相位图按频率通道求和也能得到脉冲轮廓图。

（4）DM 曲线图。色散曲线图反映的是使用不同色散值进行消色散时，脉冲曲线信噪比的变化情况。对于真实的脉冲星信号，色散曲线会在非零位置达到峰值。

对于脉冲信号较强的候选体，可以明显地从诊断图像上看出脉冲信号特征。但对于弱信号的候选体，其识别较为困难。随着人工智能技术的发展，脉冲星候选体识别也从最开始的使用单隐层神经网络发展到深度卷积神经网络。与单隐层工人神经网络相比，CNN 对图像具有更好的空间信息提取能力；另外，CNN 模型直接以候选体诊断图为输入，从而避免了为候选体设计样本特征。训练 CNN 模型需要大量的标记样本。由于已发现的脉冲星数量有限，导致数据集中正类样本（脉冲信号）极端稀少，而负类样本却广泛存在。因此，脉冲星候选体识别面临数据非平衡以及正类样本稀缺等挑战。

5.2 脉冲星候选体数据集与评价指标

5.2.1 脉冲星候选体数据集

本书分别在 HTRU[136]和 FAST[106]两个数据集上进行脉冲星候选体识别实验。

（1）HTRU 为澳大利亚 Parkes 和德国 Effelsberg 天文台联合开展的巡天项目。该数据集中共包含 1 196 个正样本（脉冲星信号）和 89 996 个负样本（非脉冲信号）。图 5.3、图 5.4 分别是该数据集中的正类、负类样本展示。

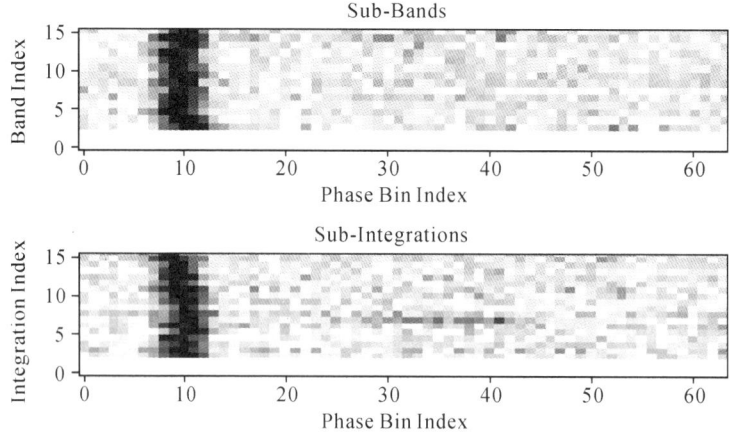

第 5 章 脉冲星候选体识别

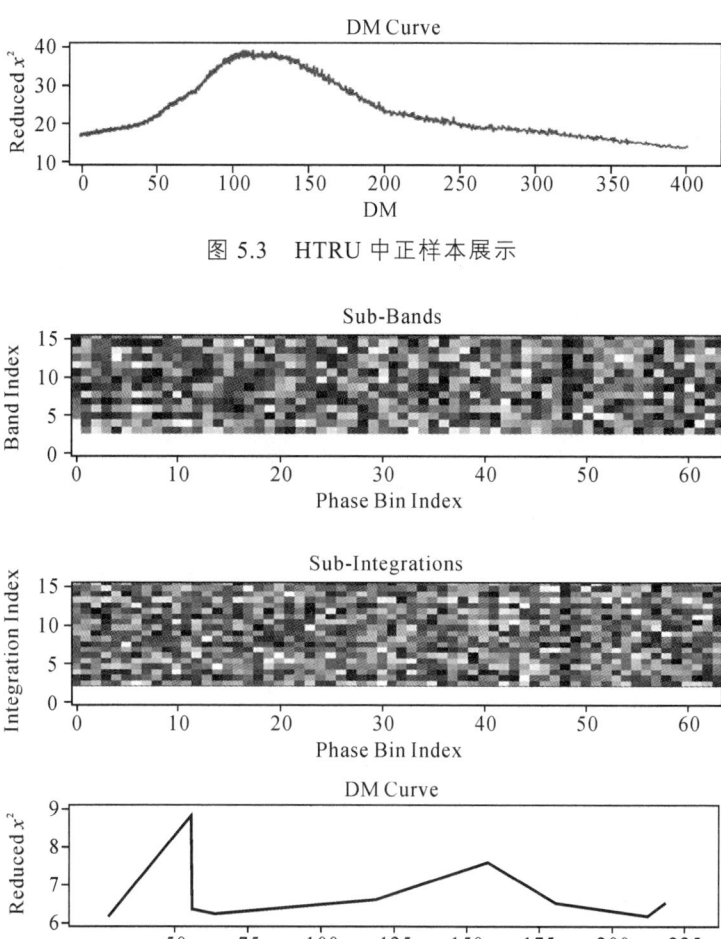

图 5.3 HTRU 中正样本展示

图 5.4 HTRU 中负样本展示

最上面的二维灰度图是频率相位图，简记为 sub-bands；中间的二维灰度图为时间相位图，简记为 sub-ints；最下面的是 DM 曲线图。正类样本在 sub-bands 和 sub-ints 两个二维图像上都有一条竖直的直线，该直线是巡天时间内脉冲信号留下的痕迹。当观测的信号较弱或者干扰比较强时，可能导致该特征并不明显；相反，由于没有脉冲信号扫过，所有负样本在时间相位和频率相位图上均没有竖直直线。实验中分别提取 sub-bands 和 sub-ints 两个二维图作为模型训练的输入。原始数据中，sub-ints 的维度为

18×64（少部分为19×64或者20×64），sub-bands的维度为16×64。所以，首先统一将时间相位图和频率相位图的维度转化为64×64（注：由于所有频率相位图的前两行均为0，需先将这两行数据删除后再进行维度转化）。图5.5、图5.6是维度转化后正、负样本的时间相位和频率相位示意图。

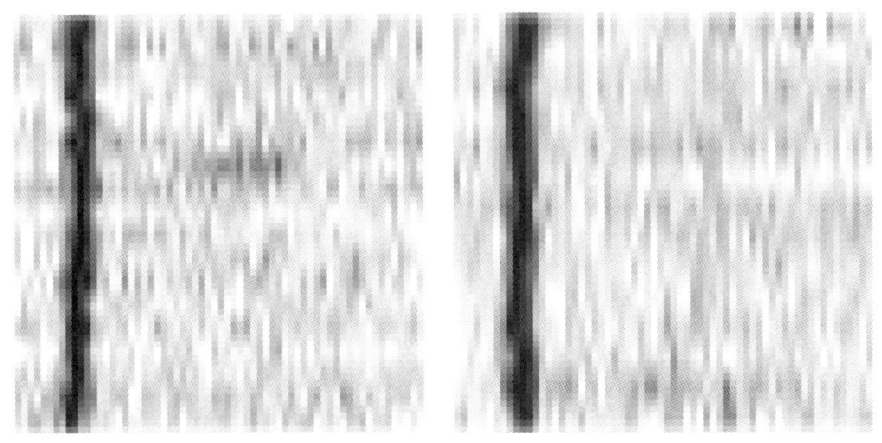

（a）正样本时间相位图　　　　（b）正样本频率相位图

图 5.5　维度转换后 HTRU 上正样本时间相位、频率相位图

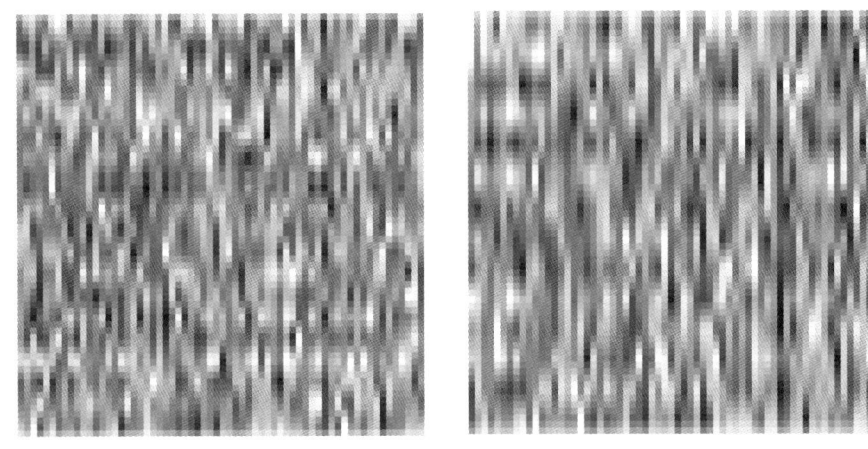

（a）正样本时间相位图　　　　（b）正样本频率相位图

图 5.6　维度转换后 HTRU 上负样本时间相位、频率相位图

然后，再将 HTRU 数据集划分为训练集、交叉验证集和测试集。表 5.1 列出了划分后数据集中的正负样本数。

表 5.1　划分后的 HTRU 数据集

数据集	正样本数	负样本数	总样本数
训练集	480	10 920	11 400
验证集	238	30 539	30 777
测试集	478	48 537	49 015

（2）FAST 数据集是由我国自主设计的 500 m 口径射电望远镜通过 19 波束 L 波段接收机漂移扫描得到的数据处理后得到的候选体数据集。该数据集共包括 1 163 个正样本和 14 319 个负样本，正负样本比约为 1∶12。每个样本包含时间相位图、频率相位图、脉冲轮廓图和 DM 曲线图四个属性，其中时间相位图的维度为 64×64。图 5.7 所示为 FAST 数据中正、负样本的时间相位示意图。实验中以时间相位图为模型训练的输入数据。首先，将图像的像素值映射到 (0,1)；然后，将原始数据划分为训练集、交叉验证集和测试集三部分。表 5.2 列出了划分后 FAST 数据集中的正、负样本数。

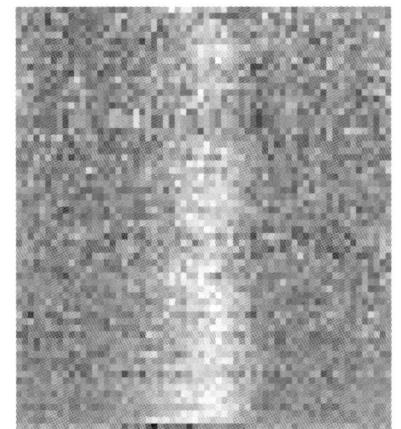
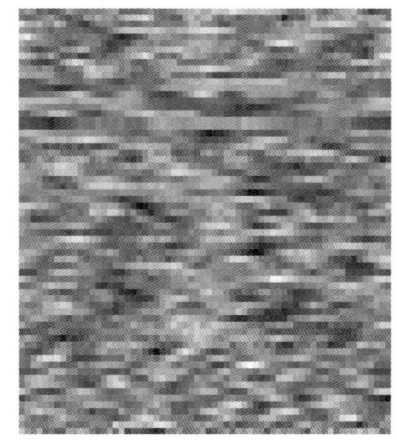

（a）正样本时间相位图　　　　　　（b）负样本时间相位图

图 5.7　FAST 数据上时间相位图

表 5.2　划分后的 FAST 数据

数据集	正样本数	负样本数	总样本数
训练集	697	8603	9300
验证集	233	2858	3091
测试集	233	2858	3091

5.2.2　评价指标

对于均衡数据集，准确率是评价一个模型识别效果最重要的指标；而对于非平衡数据集，它却不能完全体现模型的性能。脉冲星候选体识别属于二分类问题，由于数据集存在严重的非平衡性，因此，选择常用的精确率（Precision）、召回率（Recall）和综合指标（F-score）作为衡量指标。表 5.3 定义了二分类问题的混淆矩阵。

表 5.3　二分类问题的混淆矩阵

	预测负	预测正
标签负	True Negative（TN）	False Positive（FP）
标签正	False Negative（FN）	True Positive（TP）

依据混淆矩阵可以得出精确率（Precision）、召回率（Recall）以及二者的综合指标（F-score）的计算公式为

$$\text{Precision} = \frac{TP}{TP + FP} \tag{5.2}$$

$$\text{Recall} = \frac{TP}{TP + FN} \tag{5.3}$$

$$\text{F-score} = \frac{2 \times \text{Precision} \times \text{Recall}}{\text{Recall} + \text{Precision}} \tag{5.4}$$

5.3　基于 CP-ACGAN、ICAT 的脉冲星候选体识别

将提出的 CP-ACGAN 和 ICAT 模型应用到脉冲星候选体数据集上，并在

同等深度网络结构下比较这两种模型的识别效果；同时，也将同等深度的卷积神经网络 CNN、CGAN+CNN 以及 SVM 分类模型纳入实验中进行效果对比。

5.3.1 模型结构与超参数

CP-ACGAN 模型包含一个生成器 G 和一个判别器 D。由于时间相位图和频率相位图的维度均为 $64×64$，因此，可以使用相同结构的 CP-ACGAN 模型分别对这两个属性进行训练。图 5.8、图 5.9 是该模型的生成器、判别器网络结构。

对于 ICAT 模型，它包括一个生成器 G、一个分类器 C 以及两个判别 D_1、D_2。为了公平对比，在实验中对 CP-ACGAN 和 ICAT 模型采用了相同深度的网络结构。图 5.10~图 5.12 是 ICAT 模型的生成器、分类器和判别器网络结构。

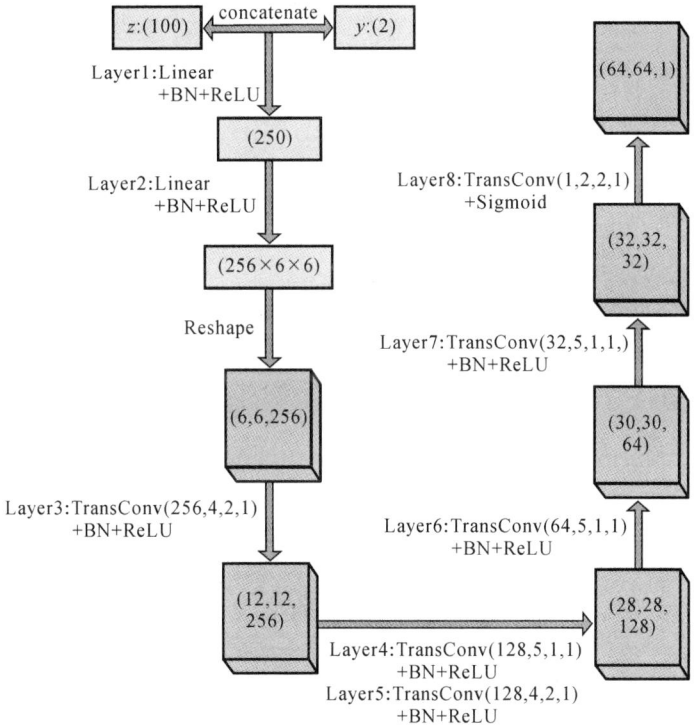

图 5.8　CP-ACGAN 模型在 HTRU、FAST 上的生成器结构

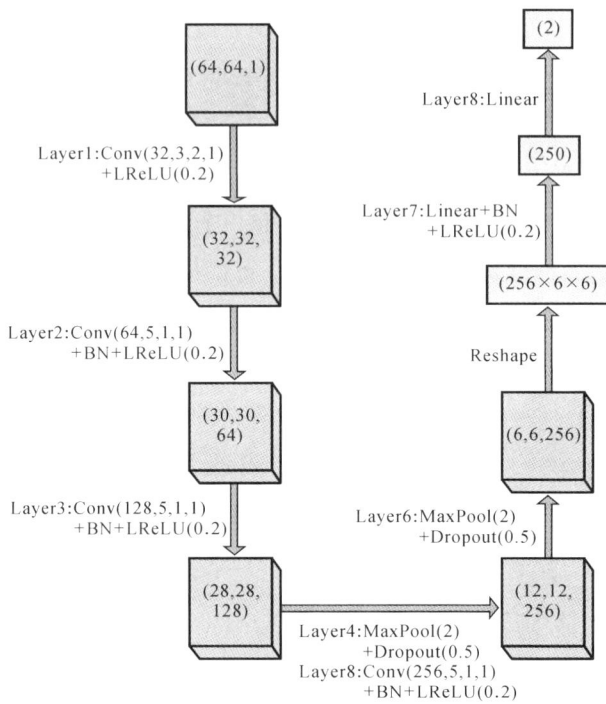

图 5.9 CP-ACGAN 模型在 HTRU、FAST 上的判别器结构

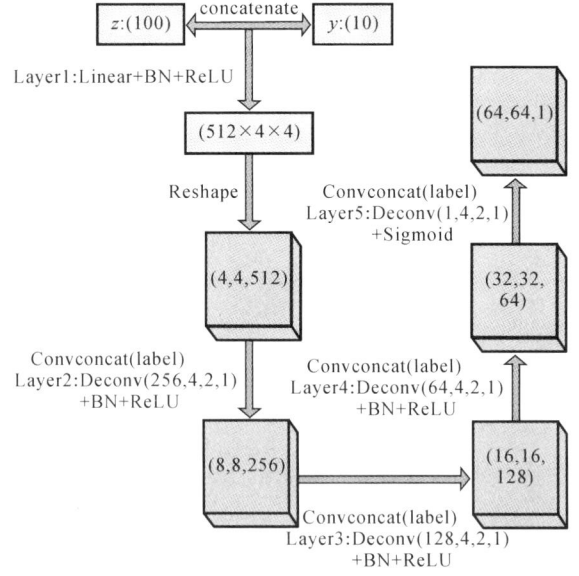

图 5.10 ICAT 模型在 HTRU、FAST 上的生成器网络结构

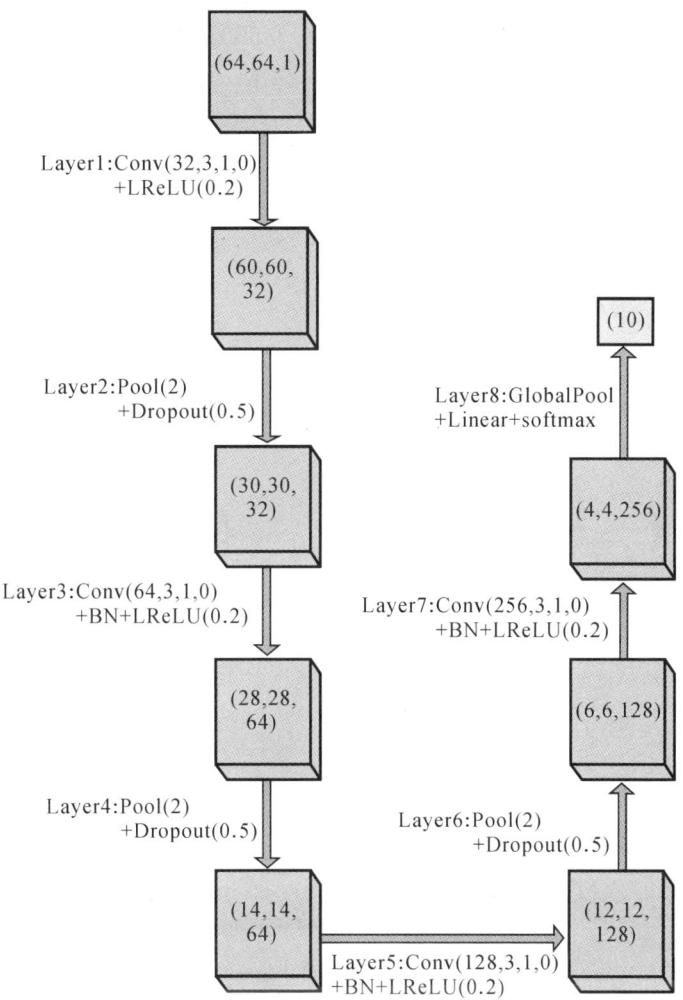

图 5.11 ICAT 模型在 HTRU、FAST 上的分类器网络结构

图中，Conv(f,k,s,p) 表示输出层特征数为 f，卷积核大小为 k，移动步长为 s，0 填充项为 p 的卷积计算；DeConv(f,k,s,p) 为 Conv(f,k,s,p) 对应的转置卷积；MaxPool(x) 表示池化域大小为 $x\times x$，移动步长为 x 的最大池化。实验在深度学习框架 Pytorch 和 Theano 下完成。模型采用 Adam 优化算法进行优化，其中超参数 β_1、β_2 取值分别为 0.5 和 0.999，并且生成器、

分类器和判别器的学习率依次为 0.000 2、0.000 2 和 0.05。生成器的输入隐变量 z 的维度为100，并采用高斯分布进行初始化，输入标签 y 与每个训练批次的样本标签一致（对非平衡数据尤其重要）。

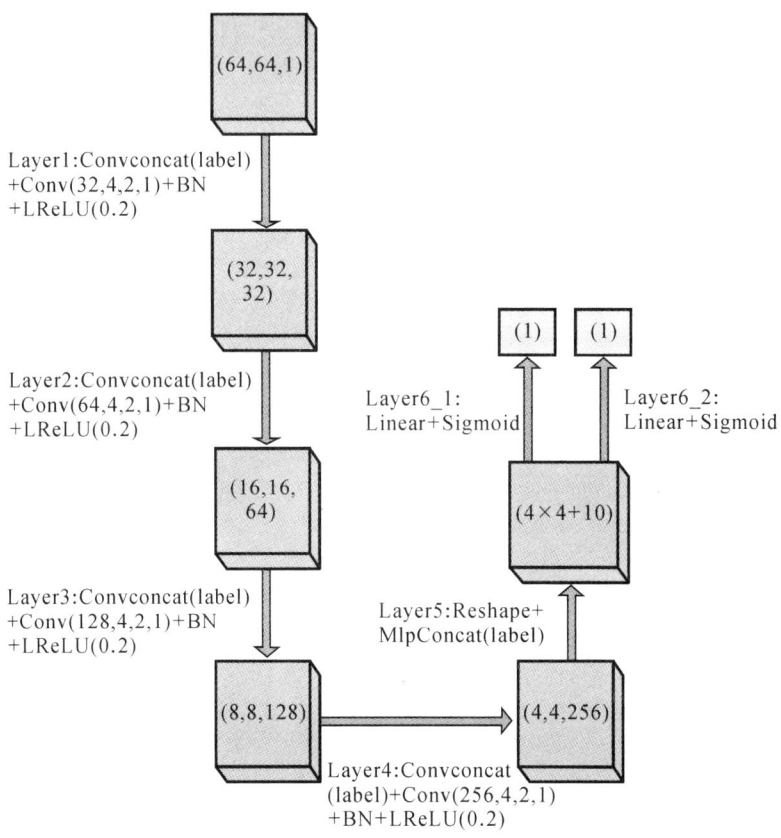

图 5.12 ICAT 模型在 HTRU、FAST 上的判别器网络结构

5.3.2 HTRU 上的实验结果分析

表 5.4 列出了 CP-ACGAN 模型、ICAT 模型以及其他几种模型在 HTRU 数据集上的识别效果。

表 5.4 HTRU 数据集上的识别效果

方法	召回率/%	精确率/%	综合指标/%
40PCA+SVM_sis	57.53	59.91	58.70
CNN_sis	83.05	91.89	87.25
CGAN+CNN_sis	86.40	88.82	87.59
CP_ACGAN_sis	85.77	90.31	87.98
ICAT_sis	89.33	89.14	89.24
40PCA+SVM_sbs	68.62	75.40	71.85
CNN_sbs	81.15	75.37	79.96
CGAN+CNN_sbs	83.89	76.82	80.20
CP_ACGAN_sbs	84.52	77.69	80.96
ICAT_sbs	86.19	77.44	81.85

表中，"_sis"结尾表示在时间相位图上的实验结果；"_sbs"结尾表示在频率相位图上的实验结果。40PCA+SVM 表示先利用主成分分析方法提取样本的 40 个主成分因子，然后将其用于训练 SVM 分类器。超参数 C 和 γ 的值则通过在交叉验证集上进行网格搜索得到。最终，在时间相位图上取值分别为 100 和 0.001；频率相位图像上分别为 200 和 0.001。CGAN+CNN 表示先训练一个 CGAN 模型，并生成 10 000 个少数类样本，从而将原训练集扩充为包含 10 480 个正样本和 10 920 个负样本的均衡数据集；然后再在重新平衡后的数据集上进行 CNN 训练。由实验结果可得出以下结论：

（1）在时间相位图上：

① ICAT 模型具有最优的识别效果，其 F-score 值为 89.24%，比传统的 CNN 模型提升近 2%。同时，ICAT 模型的 Recall 值为最高的 89.33%，因此，该模型拥有最低的漏报率。

② CP-ACGAN 模型的 F-score 值仅次于 ICAT 模型，与 CNN 模型相比提升了 0.73%。

③ CNN 模型具有最高的 Precision 值（91.89%），同时 Recall 值仅为 83.05%，说明该模型在时间相位图上具有较高的漏报率和较为严重的模型偏移。

④ CGAN+CNN 方法的 F-score 值为 87.59%，与 CNN 模型相比提升了

0.34%，说明利用 CGAN 模型补充少数类样本多样性的方法具有一定的可行性。

（2）在频率相位图上：

① ICAT 模型具有最高的 F-score 值（81.85%），与 CNN 模型相比提升了 1.879%。同时，ICAT 模型的 Recall 值为最高的 86.19%，因此，该模型拥有最低的漏报率。

② CP-ACGAN 模型具有次优的 F-score 值，与 CNN 模型相比提升了 1%。

③ CGAN+CNN 方法的 F1 值为 80.20%，与 CNN 模型相比提升了 0.24%。

总体而言，时间相位图上的识别效果明显优于频率相位图。这主要是因为时间相位图的原始数据维度为 18×64，而频率相位图的维度为 16×64，再去除全为 0 的两行数据后，导致实际有用信息为 14×64，因此，时间相位图具有更多的判别信息。

图 5.13、图 5.14 分别是 ICAT 模型在 HTRU 数据集上的生成样本，其中前 50 个生成样本的输入标签为 $(1, 0)^T$（即为负类），后 50 个生成样本的

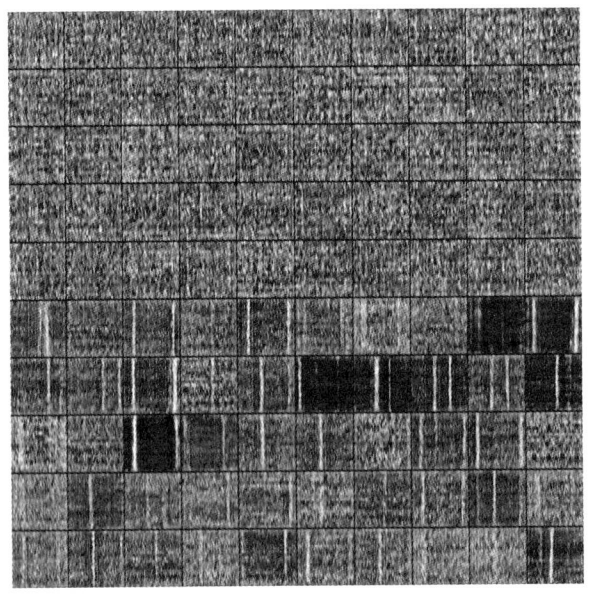

图 5.13　ICAT 模型在 HTRU 上生成的时间相位图

输入标签为 $(0, 1)^T$（即为正类）。原图中正样本包含一条或多条黑线，而生成样本中则为白线，这是由于 Python 版本不同导致的。产生原图的程序需要在 Python2 下运行，而我们的模型则在 Python3 下运行。由图可知，即使是在非平衡数据集上，ICAT 模型也能生成清晰度较高且类别可控的样本。

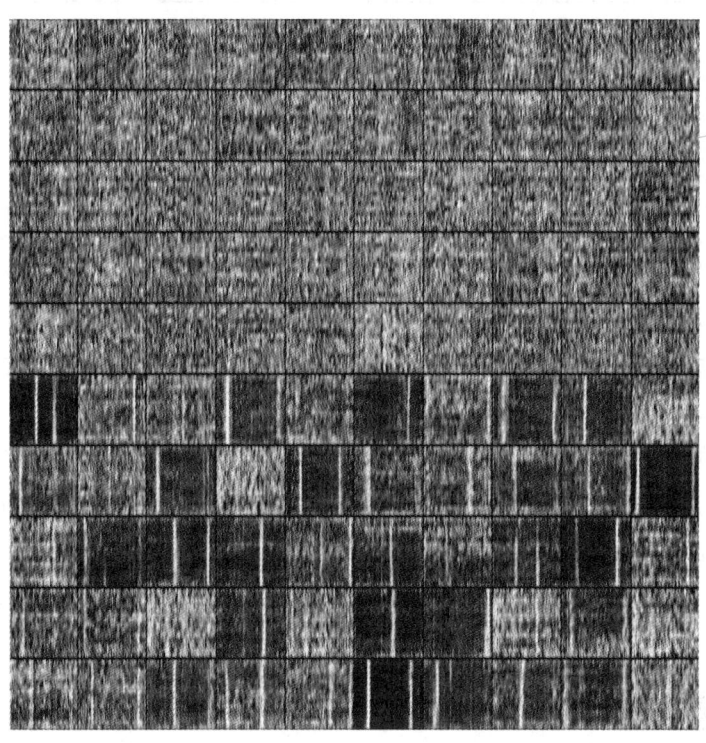

图 5.14 ICAT 模型在 HTRU 上生成的频率相位图

综上，由 HTRU 数据集上的实验可知：ICAT 模型和 CP-ACGAN 模型均能有效地提升脉冲星候选体的识别效果，同时还降低了漏报率。因此，与传统识别模型相比，两种模型都更适合于脉冲星候选体数据集，相比较而言，ICAT 模型识别效果更佳。

5.3.3 FAST 上的实验结果分析

表 5.5 列出了不同模型在 FAST 数据集上的识别效果。在时间相位图上，

SVM 分类器的超参数 c 和 γ 分别为 700、0.01。对于 CGAN+CNN 方法，则是先利用 CGAN 模型生成 8 000 个少数类样本。因此，重平衡后的训练集中包含 8 657 个正样本和 8 603 个负样本。

表 5.5　FAST 数据集上的识别效果

方法	召回率/%	精确率/%	综合指标/%
40PCA+SVM_sis	24.46	28.16	34.44
CNN_sis	67.38	90.75	77.34
CGAN+CNN_sis	69.09	89.94	78.15
CP_ACGAN_sis	72.96	84.58	78.34
ICAT_sis	75.97	86.76	80.01

从表 5.5 中可以看出，FAST 数据上的实验结论与 HTRU 上相似。首先，时间相位图上，提出的 CP-ACGAN 模型和 ICAT 模型都提高了识别效果，并且 ICAT 模型都取得了最好的识别率。与 CNN 模型相比，CP-ACGAN 模型在时间相位图上的 F-score 值分别提高了 1%；而 ICAT 模型则相应提高了 3.67%。其次，ICAT 模型的召回率分别为最高的 75.97%，即它的漏报率最低。所以，ICAT 模型不仅拥有最好的识别率，同时召回率也是最高的。因此，ICAT 模型更适合于脉冲星候选体识别。

图 5.15 所示为 ICAT 模型在 FAST 数据集上的生成样本。可以看出，模型在时间相位图上的生成样本可控性较好；同时，与 HTRU 上的生成样本相比，模型在 FAST 上的生成样本清晰度稍差，这与数据集有直接关系（HTRU 上的样本可分辨性更高）。

综上，在 HTRU 和 FAST 数据集上实验表明：对于非平衡脉冲星候选体数据集，传统模型表现出一定程度的模型偏移、识别效果不佳等问题，而提出的 CP-ACGAN 模型和 ICAT 模型均能在一定程度解决这些问题。相比之下，ICAT 模型具有更好的识别效果和更低的漏报率。因此，ICAT 模型更适合用于脉冲星候选体识别。

第 5 章 脉冲星候选体识别

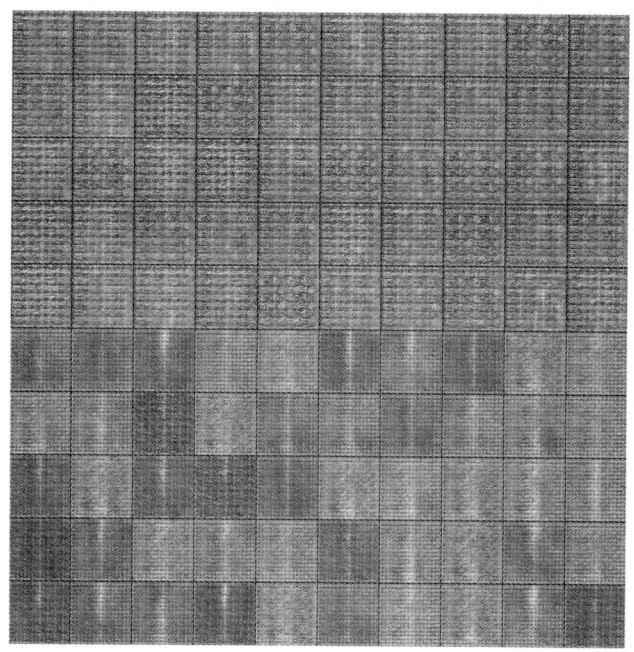

图 5.15 ICAT 模型在 FAST 上生成的样本

5.4 基于 SSL-ATJD 的脉冲星候选体识别

全监督的图像识别模型虽然能得到更好的效果，但获取大量标签样本需要付出巨大的人力、物力等相关成本。尤其是在脉冲星候选体数据集中，由于正类样本的稀缺，使得标记样本变得异常困难。因此，有必要探索脉冲星候选体数据集中的半监督学习问题。第 4 章提出了基于联合分布对抗训练的半监督学习模型 SSL-ATJD，并在多个数据集上证实它具有当前最优的半监督学习效果。

本节将该模型应用到脉冲星候选体数据集中，进一步探索非平衡数据中的半监督学习。

5.4.1 数据准备与 SSL-ATJD 模型结构

首先，在数据集方面，使用 HTRU 数据集上的时间相位图作为半监督学习实验对象。HTRU 的训练集中有 480 个正样本和 10 920 个负样本（见表 5.1）。将半监督学习实验分为两部分：① 固定标记样本中正类、负类样本的比例为 1∶19，因此，分别挑选 60、80、100 和 200 个正类标记样本以及相应的 1 140、1 520、1 900 和 3 800 个负类标记样本；② 固定正类标记样本为 100 个，负类标记样本分别为 1 100、1 500、1 900、2 300 和 4 300 个。第一组实验是探究非平衡数据中，固定样本比例下，标记样本数量对半监督学习的影响；第二组实验是探究非平衡数据中，标记样本的正负样本比例对半监督学习的影响。

其次，在网络结构方面，SSL-ATJD 模型包含一个生成器、一个分类器和三个判别器，其在 HTRU 上的生成器和分类器网络结构与 ICAT 模型相同。图 5.16~图 5.18 依次是 SSL-ATJD 模型在 HTRU 上的生成器、分类器和三个判别器的网络结构。

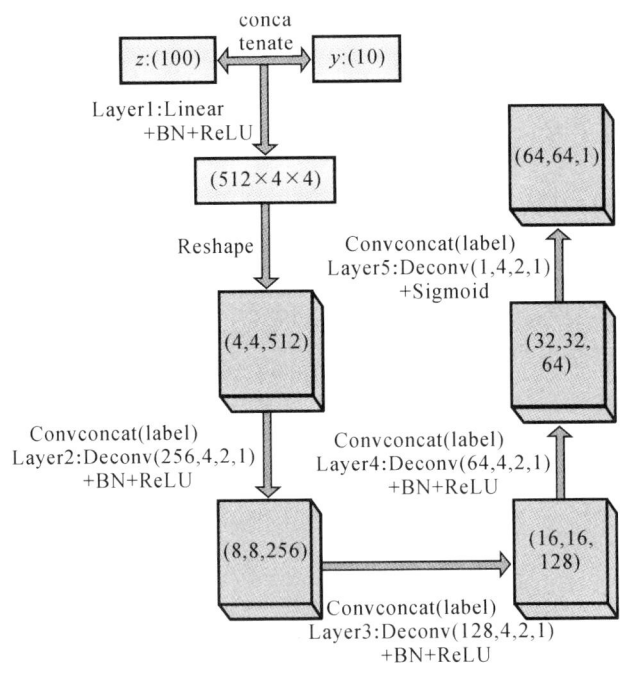

图 5.16　SSL-ATJD 模型在 HTRU 上的生成器网络结构

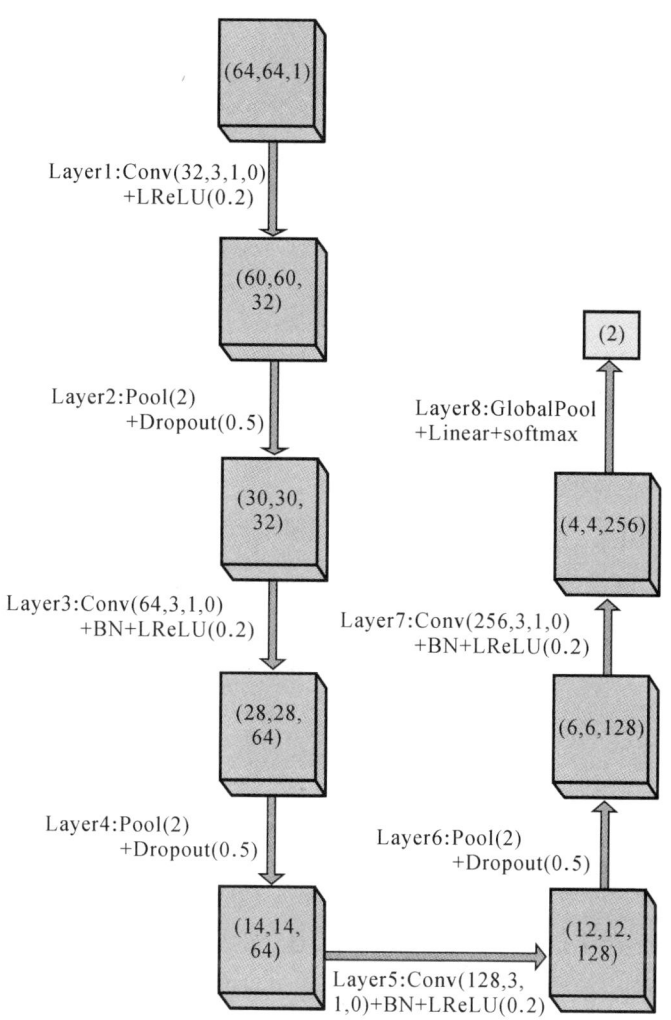

图 5.17 SSL-ATJD 模型在 HTRU 上的分类器网络结构

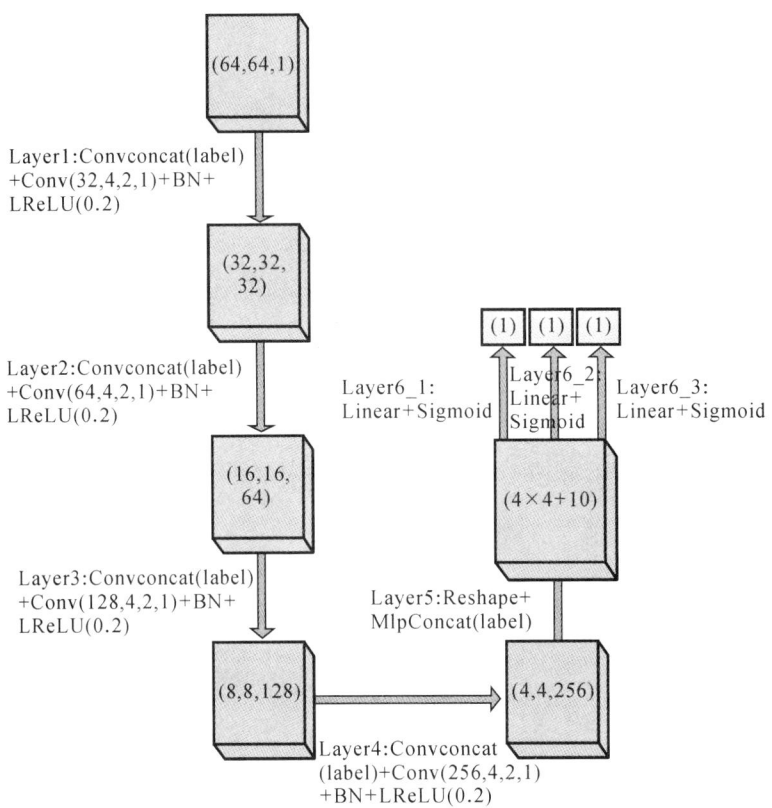

图 5.18　SSL-ATJD 模型在 HTRU 上的判别器网络结构

5.4.2　半监督分类与生成结果

将 SSL-ATJD 模型的实验效果与 CNN 模型进行比较，其中 CNN 模型的网络结构如图 5.17 所示。表 5.6 和表 5.7 分别是模型在两组实验下的效果对比。

表 5.6　正负标记样本数比例固定时 SSL-ATJD 的半监督识别效果

数据集	CNN			SSL-ATJD		
	召回率/%	准确率/%	综合指标/%	召回率/%	准确率/%	综合指标/%
(60，1 140)	72.80	64.80	68.57	84.31	71.20	77.20
(80，1 520)	97.08	73.11	75.98	75.10	85.27	79.87

续表

数据集	CNN			SSL-ATJD		
	召回率/%	准确率/%	综合指标/%	召回率/%	准确率/%	综合指标/%
(100，1 900)	80.12	74.08	76.98	77.41	86.05	81.50
(200，3 800)	85.77	85.95	85.86	84.93	91.03	87.88

表 5.7　正负标记样本数比例固定时 SSL-ATJD 的半监督识别效果

数据集	CNN			SSL-ATJD		
	召回率/%	准确率/%	综合指标/%	召回率/%	准确率/%	综合指标/%
(100，1 100)	85.15	62.52	72.10	81.17	77.76	79.43
(100，1 500)	86.61	55.35	67.54	82.27	80.37	81.28
(100，1 900)	80.12	74.08	76.98	77.41	86.05	81.50
(100，2 300)	80.33	76.04	78.13	81.38	85.68	83.48
(100，4 300)	68.62	92.13	78.66	80.96	88.76	84.68

由表 5.6 可知：SSL-ATJD 显著提高了识别效果，并且随着标记样本数量的增加，模型的识别效果不断提升。当标记样本为（200，3 800）时，SSL-ATJD 模型的识别效果（87.88%）甚至略优于 CNN 模型在全部训练样本下的识别效果（87.25%，见表 5.4）。因此，SSL-ATJD 模型较大限度地降低了对标签样本的依赖，进而有效地控制了人力、物力等成本。

由表 5.7 可知：固定正类标记样本数量时，随着负类标记样本数量的增加，CNN 和 SSL-ATJD 模型的综合指标（F-score）都有相应提高。但 CNN 模型却表现出模型偏移，尤其是当标签样本数为（100，4 300）时，模型偏移较为严重，且漏报率极高；而 SSL-ATJD 模型即使在如此大的非平衡比下，它的半监督分类效果依然没有出现明显的模型偏移。所以，SSL-ATJD

模型不仅能有效解决对标签样本的依赖，还对标记样本的非平衡比具有极强的适应性。

图 5.19 和图 5.20 分别是 SSL-ATJD 模型在标记样本数为（100，1 900）和（200，3 800）时的半监督生成样本。显然，标记样本数越多，模型半监督生成样本的可控性越好。

综合上述实验可知，半监督学习模型 SSL-ATJD 在非平衡脉冲星候选体数据中同样具有显著的效果。当标记样本数为（200，3 800）时，它的识别效果甚至优于全监督下的 CNN 模型。同时，模型对标记样本的非平衡比也表现出强大的适应能力。因此，该模型可以有效克服脉冲星候选体识别中面临的样本标记困难问题。

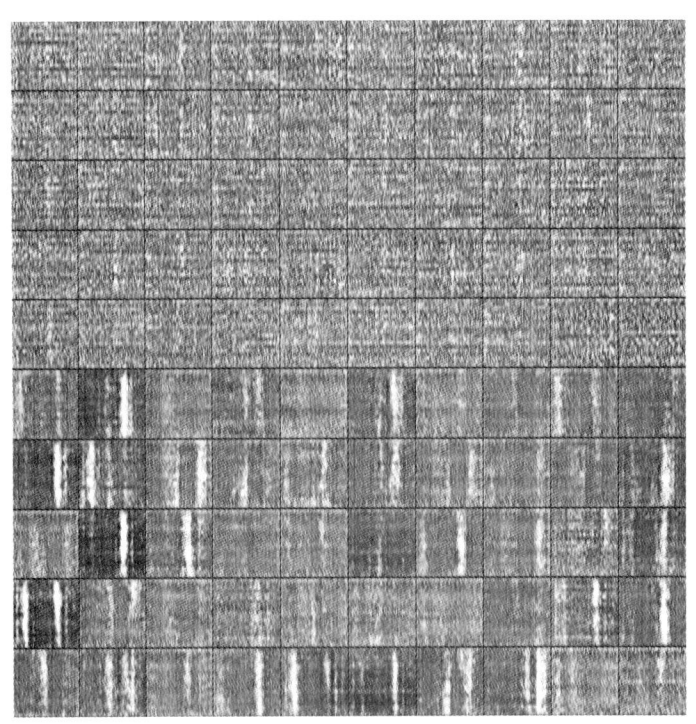

图 5.19　标记样本数为（100，1 900）时 SSL-ATJD 模型生成样本

第 5 章 脉冲星候选体识别

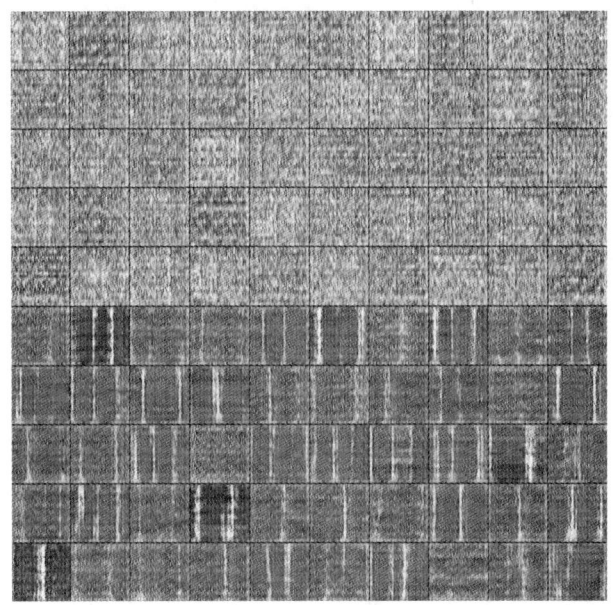

图 5.20 标记样本数为（200，3 800）时 SSL-ATJD 模型生成样本

第6章 总结与展望

6.1 总　结

本书从生成对抗网络出发,分别构建了基于生成对抗网络的图像识别模型和半监督学习模型。最后将提出的模型应用到脉冲星候选体数据集中,以解决非平衡数据集的识别问题。

全书共分6章。

第1章简单介绍了选题背景与意义、当前生成对抗网络的研究现状以及脉冲星候选体识别面临的困境。

第2章为基础知识梳理,简单介绍了人工神经网络与卷积神经网络的基本结构,同时对神经网络中的池化方法进行了深入研究,并提出了一种混合概率池化方法。该方法首先将池化域中的元素去重并按升序排序,再在每个元素后加上对应次序的幂次;然后对新值求权重作为每个元素被选择的概率;最后再根据多项分布取样作为池化值。从理论上分析了方法的可行性与合理性,并用三种不同的数据集MNIST、CIFAR-10、CIFAR-100分别进行实验。结果表明,相比较于传统的池化方法,该方法具有更好的分类效果与稳健性。最后,对生成对抗网原理以及几个改进模型进行了介绍。

第3章讨论了基于ACGAN的图像识别模型。首先分析了ACGAN在图像识别方面表现不佳的原因;然后在网络结构和损失函数两方面对其进行改进,同时引入了图像生成与图像分类之间的权重平衡因子,并以此提出了图像识别模型CP-ACGAN;最后,在SVHN和CIFAR10两种数据集上验证了模型的识别效果,并对权重平衡因子进行了实验分析。

第4章讨论了基于GANs的半监督学习。首先介绍GANs在半监督学习方面取得的成就和面临的困境;然后,提出了一种基于联合分布间对抗训练的半监督学习模型SSL-ATJD,并对该模型的收敛性进行了分析;最后,在 MNIST、CIFAR10 和 SVHN 三种数据集上进行半监督实验,结果表明提出的模型具有当前最好的半监督分类效果。同时,在 MNIST 上的进一步实验还表明,模型对半监督学习中标记样本的数量具有极强的适应性。另一方面,进一步改进 SSL-ATJD 模型,得到一种基于对抗训练的图像识别模型 ICAT。同理分析了模型的收敛性后,在 MNIST 和 SVHN 上进行实验,结果表明,ICAT 模型不但提高了图像识别效果,而且其生成样本的可控性也强于 CGAN 和 ACGAN 模型。

第 5 章讨论了脉冲星候选体识别。首先介绍了脉冲星的搜索过程以及脉冲星候选体的识别方法;然后将提出的 CP-ACGAN 模型和 ICAT 模型应用到 HTRU 和 FAST 两个脉冲星候选体数据集中,结果表明两种模型都有效提高了候选体的识别效果。最后,将提出的半监督学习模型 SSL-ATJD 应用到脉冲星候选体数据集上,探索了非平衡数据集的半监督学习问题。

第 6 章对全书进行总结,列出了各章节研究内容,并给出了相关的后续工作展望。

6.2 展　望

结合本书研究,后期工作计划将从以下几个方面展开。

(1)除本书考虑的时间相位图和频率相位图外,还将脉冲星轮廓图与 DM 曲线图纳入模型训练中,并以此构建一个脉冲星候选体识别系统。

(2)考虑将生成对抗网络与单类学习方法相结合应用于脉冲星候选体识别中。

(3)考虑基于生成对抗网络的无监督脉冲星候选体识别,以进一步缓解对标签样本数量的依赖。

(4)考虑将少数类样本通过采样方法与生成对抗网络相结合,以解决非平衡数据集和训练样本极端稀少的非图像数据集的分类问题。

参考文献

[1] MCCULLOCH W S, PITTS W. A logical calculus of the ideas immanent in nervous activity[J]. The bulletin of mathematical biophysics, 1943, 5(4): 115-133.

[2] ORBACH J. Principles of Neurodynamics. Perceptrons and the Theory of Brain Mechanisms[J]. Archives of General Psychiatry, 1962, 7(3): 218-219.

[3] RUMELHART D E, HINTON G E, WILLIAMS R J. Learning representations by back-propagating errors[J]. nature, 1986, 323(6088): 533-536.

[4] LECUN Y, BOTTOU L, BENGIO Y, et al. Gradient-based learning applied to document recognition[J]. Proceedings of the IEEE, 1998, 86(11): 2278-2324.

[5] HINTON G E, SALAKHUTDINOV R R. Reducing the dimensionality of data with neural networks[J]. science, 2006, 313(5786): 504-507.

[6] KRIZHEVSKY A, SUTSKEVER I, HINTON G E. ImageNet classification with deep convolutional neural networks[C]. International Conference on Neural Information Processing Systems. Curran Associates Inc. 2012: 1097-1105.

[7] SIMONYAN K, ZISSERMAN A. Very deep convolutional networks for large-scale image recognition[J]. Computer Science, 2014.

[8] SZEGEDY C, LIU W, JIA Y, et al. Going deeper with convolutions[C]. Proceedings of the IEEE conference on computer vision and Pattern Recognition, 2015: 1-9.

[9] HE K, ZHANG X, REN S, et al. Deep residual learning for image

recognition[C]. Proceedings of the IEEE Conference on Computer Vision and Pattern Recognition, 2016: 770-778.

[10] HU J, SHEN L, SUN G. Squeeze-and-excitation networks[C]. Proceedings of the IEEE Conference on Computer Vision and Pattern Recognition, 2018: 7132-7141.

[11] FAHlMAN S E, HINTON G E, SEJNOWSKI T J. Massively parallel architectures for AI: NETL, Thistle, and Boltzmann machines[C]. National Conference on Artificial Intelligence, AAAI, 1983.

[12] SAUL L K, JAAKKOLA T, JORDAN M I. Mean field theory for sigmoid belief networks[J]. Journal of Artificial Intelligence Research, 1996, 4: 61-76.

[13] HINTON G E, OSINDERO S, TEH Y W. A fast learning algorithm for deep belief nets[J]. Neural Computation, 2006, 18(7): 1527-1554.

[14] SHENTAL N, BAR-HILLEL A, HERTZ T, et al. Computing Gaussian mixture models with EM using equivalence constraints[C]. Advances in Neural Information Processing Systems, 2004: 465-472.

[15] RABINER L R. A tutorial on hidden Markov models and selected applications in speech recognition[J]. Proceedings of the IEEE, 1989, 77(2): 257-286.

[16] YEDIDIA J S, FREEMAN W T, WEISS Y. Generalized belief propagation[C]. Advances in Neural Information Processing Systems, 2001: 689-695.

[17] KINGMA D P, WELLING M. Auto-encoding variational bayes[C]. Ithaca WYarXiv.ong, 2013.

[18] GOODFELLOW I, POUGET-ABADIE J, MIRZA M, et al. Generative adversarial nets[C]. Advances in Neural Information Processing Systems, 2014: 2672-2680.

[19] RADFORD A, METZ L, CHINTALA S. Unsupervised representation

learning with deep convolutional generative adversarial networks[J]. arXiv e-prints, 2015.

[20] ZHU J Y, PARK T, ISOLA P, et al. Unpaired image-to-image translation using cycle-consistent adversarial networks[C]. Proceedings of the IEEE International Conference on Computer Vision, 2017: 2223-2232.

[21] KIM T, CHA M, KIM H, et al. Learning to discover cross-domain relations with generative adversarial networks[C]. Proceedings of the 34th International Conference on Machine Learning-Volume 70. JMLR. org, 2017: 1857-1865.

[22] YI Z, ZHANG H, TAN P, et al. Dualgan: Unsupervised dual learning for image-to-image translation[C]. Proceedings of the IEEE International Conference on Computer Vision, 2017: 2849-2857.

[23] ZHU J Y, ZHANG Z, ZHANG C, et al. Visual object networks: image generation with disentangled 3D representations[C]. Advances in Neural Information Processing Systems, 2018: 118-129.

[24] RAJ A, HAM C, BARNES C, et al. Learning to Generate Textures on 3D Meshes[C]//Proceedings of the IEEE Conference on Computer Vision and Pattern Recognition Workshops, 2019: 32-38.

[25] YANG B, WEN H, WANG S, et al. 3d object reconstruction from a single depth view with adversarial learning[C]. Proceedings of the IEEE International Conference on Computer Vision, 2017: 679-688.

[26] CHAWLA N V, BOWYER K W, HALL L O, et al. SMOTE: synthetic minority over-sampling technique[J]. Journal of Artificial Intelligence Research, 2002, 16: 321-357.

[27] HAN H, WANG W Y, MAO B H. Borderline-SMOTE: a new over-sampling method in imbalanced data sets learning[C]. International Conference on Intelligent Computing. Springer, Berlin, Heidelberg, 2005: 878-887.

[28] ZHU T, LIN Y, LIU Y. Synthetic minority oversampling technique for multiclass imbalance problems[J]. Pattern Recognition, 2017, 72: 327-340.

[29] DOUZAS G, BACAO F, LAST F. Improving imbalanced learning through a heuristic oversampling method based on k-means and SMOTE[J]. Information Sciences, 2018, 465: 1-20.

[30] CHEN S, HE H, GARCIA E A. RAMOBoost: ranked minority oversampling in boosting[J]. IEEE Transactions on Neural Networks, 2010, 21(10): 1624-1642.

[31] RONG T, GONG H, NG W W Y. Stochastic sensitivity oversampling technique for imbalanced data[C]. International Conference on Machine Learning and Cybernetics. Springer, Berlin, Heidelberg, 2014: 161-171.

[32] CHEN S, HE H, GARCIA E A. RAMOBoost: ranked minority oversampling in boosting[J]. IEEE Transactions on Neural Networks, 2010, 21(10): 1624-1642.

[33] BUDA M, MAKI A, MAZUROWSKIA M A. A systematic study of the class imbalance problem in convolutional neural networks[J].Neural Networks, 2018，106:249-259.

[34] JOHNSON J M, KHOSHOFTAAR T M. Survey on deep learning with class imbalance[J]. Journal of Big Data, 2019, 6(1): 1-54.

[35] ZHOU L Y, YOU S P, RREN B M, et al. A novel image classification model based on adversarial training for pulsar candidate identification [J]. Journal of Intelligent & Fuzzy Systems, 2020, 39(5): 7657-7669.

[36] 赵海霞, 石洪波, 武建, 等. 基于条件生成对抗网络的不平衡学习研究[J].控制与决策, 2021, 36(3): 619-628.

[37] 赵楠, 张小芳, 张利军. 不平衡数据分类研究综述[J]. 计算机科学, 2018, 45(S1): 22-27+57.

[38] WANG S, LIU W, WW J, et al. Training deep neural networks on

imbalanced data sets[C]//2016 International Joint Conference on Neural Networks (IJCNN). IEEE, 2016: 4368-4374.

[39] LIN T Y, GOYAL P, GIRSHICK R, et al. Focal loss for dense object detection[C]//Proceedings of the IEEE International Conference on computer vision, 2017: 2980-2988.

[40] RIDNIK T, BEN-BARUCH E, ZAMIR N, et al. Asymmetric loss for multi-label classification[C] //Proceedings of the IEEE/CVF International Conference on Computer Vision, 2021: 82-91.

[41] SMITH L N. Cyclical Focal Loss[J]. arXiv e-prints, 2022.

[42] ELKAN C. The foundations of cost-sensitive learning[C]//International Joint Conference on Artificial Intelligence. Lawrence Erlbaum Associates Ltd, 2001, 17(1): 973-978.

[43] WANG H, CUI Z, CHEN Y, et al. Predicting hospital readmission via cost-sensitive deep learning[J]. IEEE/ACM Transactions on Computational Biology and Bioinformatics, 2018, 15(6): 1968-1978.

[44] KHAN S H, HAYAT M, BENNAMOUN M, et al. Cost-sensitive learning of deep feature representations from imbalanced data[J]. IEEE Transactions on Neural Networks and Learning Systems, 2017, 29(8): 3573-3587.

[45] ZHANG Y, SHUAI L, REN Y, et al. Image classification with category centers in class imbalance situation[C]//2018 33rd Youth Academic Annual Conference of Chinese Association of Automation (YAC). IEEE, 2018: 359-363.

[46] ANDO S, HUANG C Y. Deep over-sampling framework for classifying imbalanced data[C]//Joint European Conference on Machine Learning and Knowledge Discovery in Databases.Springer, Cham, 2017: 770-785.

[47] DONG Q, GONG S, ZHU X. Class rectification hard mining for imbalanced deep learning [C]//Proceedings of the IEEE International

Conference on Computer Vision, 2017: 1851-1860.

[48] MIRZA M, OSINDERO S. Conditional generative adversarial nets[J]. arXiv e-prints, 2014.

[49] ODENA A, OLAH C, SHLENS J. Conditional image synthesis with auxiliary classifier gans[C]. Proceedings of the 34th International Conference on Machine Learning-Volume 70. JMLR. org, 2017: 2642-2651.

[50] CHEN X, DUAN Y, HOUTHOOFT R, et al. Infogan: Interpretable representation learning by information maximizing generative adversarial nets[C]. Advances in Neural Information Processing Systems, 2016: 2172-2180.

[51] SPRINGENBERG J T. Unsupervised and semi-supervised learning with categorical generative adversarial networks[J]. arXiv e-prints, 2015.

[52] NOWOZIN S, CSEKE B, TOMIOKA R. f-gan: Training generative neural samplers using variational divergence minimization[C]. Advances in Neural Information Processing Systems, 2016: 271-279.

[53] ARJOVSKY M, BOTTOU L. Towards Principled Methods for Training Generative Adversarial Networks[J]. arXiv e-prints, 2017.

[54] ARJOVSKY M, CHINTALA S, BOTTOU L. Wasserstein generative adversarial networks[C]. International Conference on Machine Learning, 2017: 214-223.

[55] GULRAJANI I, AHMED F, ARJOVSKY M, et al. Improved training of wasserstein gans[C]. Advances in Neural Information Processing Systems, 2017: 5767-5777.

[56] MESCHEDER L, GEIGER A, NOWOZIN S. Which training methods for GANs do actually converge?[J]. arXiv e-prints, 2018.

[57] PETZKA H, FISCHER A, LUKOVNICOV D. On the regularization of wasserstein GANs[C]. Proceedings of the 6th International Conference on Learning Representations(ICLR), Vancouver, 2018.

[58] THANH-TUNG H, TRAN T, VENKATESH S. Improving generalization and stability of generative adversarial networks[J]. arXiv e-prints, 2019.

[59] MIYATO T, KATAOKA T, KOYAMA M, et al. Spectral normalization for generative adversarial networks[J]. arXiv e-prints, 2018.

[60] MAO X, LI Q, XIE H, et al. Least squares generative adversarial networks[C]. Proceedings of the IEEE International Conference on Computer Vision, 2017: 2794-2802.

[61] ZHAO J, MATHIEU M, LECUN Y. Energy-based generative adversarial network[J]. arXiv e-prints, 2016.

[62] BERTHELOT D, SCHUMM T, METZ L. Began: Boundary equilibrium generative adversarial networks[J]. arXiv e-prints, 2017.

[63] HOU X, SHEN L, SUN K, et al. Deep feature consistent variational autoencoder[C]. 2017 IEEE Winter Conference on Applications of Computer Vision (WACV). IEEE, 2017: 1133-1141.

[64] PU Y, GAN Z, HENAO R, et al. Variational autoencoder for deep learning of images, labels and captions[C]. Advances in Neural Information Processing Systems, 2016: 2352-2360.

[65] HU Z, YANG Z, SALAKHUTDINOV R, et al. On unifying deep generative models[J]. arXiv e-prints, 2017.

[66] MESCHEDER L, NOWOZIN S, GEIGER A. Adversarial variational bayes: Unifying variational autoencoders and generative adversarial networks[C]. Proceedings of the 34th International Conference on Machine Learning-Volume 70. JMLR. org, 2017: 2391-2400.

[67] SU J. Variational inference: A unified framework of generative models and some revelations[J]. arXiv e-prints, 2018.

[68] LARSEN A B L, SNDERBY S K, LAROCHELLE H, et al. Autoencoding beyond pixels using a learned similarity metric[J]. arXiv e-prints, 2015.

[69] DUMOULIN V, BELGHAZI I, POOLE B, et al. Adversarially learned

inference[J]. arXiv e-prints, 2016.

[70] DONAHUE J, KRHENBÜHL P, DARRELL T. Adversarial feature learning[J]. arXiv e-prints, 2016.

[71] SHLENS J, JAITLY N, et al. Adversarial autoencoders[J]. arXiv e-prints, 2015.

[72] PU Y, WANG W, HENAO R, et al. Adversarial symmetric variational autoencoder[C]. Advances in Neural Information Processing Systems, 2017: 4330-4339.

[73] ZHANG J, DANG H, LEE H K, et al. Flipped-Adversarial AutoEncoders[J]. arXiv e-prints, 2018.

[74] ULYANOV D, VEDALDI A, LEMPITSKY V. It takes (only) two: Adversarial generator-encoder networks[C]. Thirty-Second AAAI Conference on Artificial Intelligence, 2018.

[75] KINGMA D P, MOHAMED S, REZENDE D J, et al. Semi-supervised learning with deep generative models[C]. Advances in neural information processing systems, 2014: 3581-3589.

[76] SALIMANS T, GOODFELLOW I, ZAREMBA W, et al. Improved techniques for training gans[C]. Advances in neural information processing systems, 2016: 2234-2242.

[77] DAI Z, YANG Z, YANG F, et al. Good semi-supervised learning that requires a bad gan[C]. Advances in neural information processing systems, 2017: 6510-6520.

[78] CHONGXUAN L I, XU T, ZHU J, et al. Triple generative adversarial nets[C]. Advances in neural information processing systems, 2017: 4088-4098.

[79] GAN Z, CHEN L, WANG W, et al. Triangle generative adversarial networks[C]. Advances in Neural Information Processing Systems, 2017: 5247-5256.

[80] DENG Z, ZHANG H, LIANG X, et al. Structured generative adversarial networks[C]. Advances in Neural Information Processing Systems, 2017: 3899-3909.

[81] JESSON A, LOW-KAM C, SOUDAN F, et al. Adversarially learned mixture model[J]. arXiv e-prints, 2018.

[82] ZHANG Z L, LUO X G, GARCÍA S, et al. Cost-Sensitive back-propagation neural networks with binarization techniques in addressing multi-class problems and non-competent classifiers[J]. Applied Soft Computing, 2017, 56: 357-367.

[83] DHAR S, CHERKASSKY V. Development and evaluation of cost-sensitive universum-SVM[J]. IEEE Transactions on Cybernetics, 2014, 45(4): 806-818.

[84] ZHANG G, SUN H, JI Z, et al. Cost-sensitive dictionary learning for face recognition[J]. Pattern Recognition, 2016, 60: 613-629.

[85] CHUNG Y A, LIN H T, YANG S W. Cost-aware pre-training for multiclass cost-sensitive deep learning[J]. arXiv e-prints, 2015.

[86] GARCÍA S, HERRERA F. Evolutionary undersampling for classification with imbalanced datasets: Proposals and taxonomy[J]. Evolutionary Computation, 2009, 17(3): 275-306.

[87] LIN W C, TSAI C F, HU Y H, et al. Clustering-based undersampling in class-imbalanced data[J]. Information Sciences, 2017, 409: 17-26.

[88] YEN S J, LEE Y S. Cluster-based under-sampling approaches for imbalanced data distributions[J]. Expert Systems with Applications, 2009, 36(3): 5718-5727.

[89] PENG Y, YAO J. AdaOUBoost: adaptive over-sampling and under-sampling to boost the concept learning in large scale imbalanced data sets[C]. Proceedings of the International Conference on Multimedia Information Retrieval, 2010: 111-118.

[90] MARTÍN-FÉLEZ R, MOLLINEDA R A. On the suitability of combining feature selection and resampling to manage data complexity[C]. Conference of the Spanish Association for Artificial Intelligence. Springer, Berlin, Heidelberg, 2009: 141-150.

[91] LIU T Y. Easyensemble and feature selection for imbalance data sets[C]. 2009 International Joint Conference on Bioinformatics, Systems Biology and Intelligent Computing. IEEE, 2009: 517-520.

[92] DOUZAS G, BACAO F. Effective data generation for imbalanced learning using conditional generative adversarial networks[J]. Expert Systems with Applications, 2018, 91: 464-471.

[93] MULLICK S S, DATTA S, DAS S. Generative adversarial minority oversampling[C]. Proceedings of the IEEE International Conference on Computer Vision, 2019: 1695-1704.

[94] ANTONIOU A, STORKEY A, EDWARDS H. Data augmentation generative adversarial networks[J]. arXiv e-prints, 2017.

[95] CENGGORO T W. Deep learning for imbalance data classification using class expert generative adversarial network[J]. Procedia Computer Science, 2018, 135: 60-67.

[96] MARIANI G, SCHEIDEGGER F, ISTRATE R, et al. Bagan: Data augmentation with balancing gan[J]. arXiv e-prints, 2018.

[97] FIORE U, DE SANTIS A, PERLA F, et al. Using generative adversarial networks for improving classification effectiveness in credit card fraud detection[J]. Information Sciences, 2019, 479: 448-455.

[98] WU E, WU K, COX D, et al. Conditional infilling GANs for data augmentation in mammogram classification[M]. Image Analysis for Moving Organ, Breast, and Thoracic Images. Springer, Cham, 2018: 98-106.

[99] FRID-ADAR M, DIAMANT I, KLANG E, et al. GAN-based synthetic

medical image augmentation for increased CNN performance in liver lesion classification[J]. Neurocomputing, 2018, 321: 321-331.

[100] SHIN H C, TENENHOLTZ N A, ROGERS J K, et al. Medical image synthesis for data augmentation and anonymization using generative adversarial networks[C]. International Workshop on Simulation and Synthesis in Medical Imaging. Springer, Cham, 2018: 1-11.

[101] LI Y X, CHAI Y, HU Y, et al. Review of imbalanced data classification methods[J]. Control and Decision, 2019, 34(4): 673-688.

[102] LEE K J, STOVALL K, JENET F A, et al. PEACE: pulsar evaluation algorithm for candidate extraction–a software package for post-analysis processing of pulsar survey candidates[J]. Monthly Notices of the Royal Astronomical Society, 2013, 433(1): 688-694.

[103] EATOUGH R P, MOLKENTHIN N, KRAMER M, et al. Selection of radio pulsar candidates using artificial neural networks[J]. Monthly Notices of the Royal Astronomical Society, 2010, 407(4):2443-2450.

[104] BATES S D, BAILES M, BARSDELL B R, et al. The High Time Resolution Universe Pulsar Survey—VI. An artificial neural network and timing of 75 pulsars[J]. Monthly Notices of the Royal Astronomical Society, 2012, 427(2):1052-1065.

[105] ZHU W W, BERNDSEN A, MADSEN E C, et al. Searching for pulsars using image pattern recognition[J]. Physics, 2014, 781(2):109-125.

[106] WANG H F, ZHU W W, GUO P, et al. Pulsar candidate selection using ensemble networks for FAST drift-scan survey[J]. Science China (Physics, Mechanics \& Astronomy), 2019, 62(5):65-74.

[107] GUO P, DUAN F, WANG P, et al. Pulsar Candidate Identification with Artificial Intelligence Techniques[J]. arXiv e-prints, 2017.

[108] HEARST M A, DUMAIS S T, OSUNA E, et al. Support vector machines[J]. IEEE Intelligent Systems and Their Applications, 1998,

13(4): 18-28.

[109] HAN J, MORAGA C. The influence of the sigmoid function parameters on the speed of backpropagation learning[C]. International Workshop on Artificial Neural Networks. Springer, Berlin, Heidelberg, 1995: 195-201.

[110] ZEILER M D, FERGUS R. Visualizing and understanding convolutional networks[C]. European Conference on Computer Vision. Springer, Cham, 2014: 818-833.

[111] SCHERER D, MÜLLER A, BEHNKE S. Evaluation of pooling operations in convolutional architectures for object recognition[C]. International Conference on Artificial Neural Networks. Springer, Berlin, Heidelberg, 2010: 92-101.

[112] BOUREAU Y L, PONCE J, LECUN Y. A theoretical analysis of feature pooling in visual recognition[C]. Proceedings of the 27th International Conference on Machine Learning (ICML-10), 2010: 111-118.

[113] YANG J, YU K, GONG Y, et al. Linear spatial pyramid matching using sparse coding for image classification[C]. 2009 IEEE Conference on Computer Vision and Pattern Recognition. IEEE, 2009: 1794-1801.

[114] RANZATO M A, HUANG F J, BOUREAU Y L, et al. Unsupervised learning of invariant feature hierarchies with applications to object recognition[C]. 2007 IEEE Conference on Computer Vision and Pattern Recognition. IEEE, 2007: 1-8.

[115] WANG T, WU D J, COATES A, et al. End-to-end text recognition with convolutional neural networks[C]. Proceedings of the 21st International Conference on Pattern Recognition (ICPR2012). IEEE, 2012: 3304-3308.

[116] ZEILER M D, FERGUS R. Stochastic pooling for regularization of deep convolutional neural networks[J]. arXiv e-prints, 2013.

[117] SHI Z, YE Y, WU Y. Rank-based pooling for deep convolutional neural networks[J]. Neural Networks, 2016, 83: 21-31.

[118] YU D, WANG H, CHEN P, et al. Mixed pooling for convolutional neural networks[C]. International Conference on Rough Sets and Knowledge Technology. Springer, Cham, 2014: 364-375.

[119] HE K, ZHANG X, REN S, et al. Spatial pyramid pooling in deep convolutional networks for visual recognition[J]. IEEE Transactions on Pattern Analysis and Machine Intelligence, 2015, 37(9): 1904-1916.

[120] IOFFE S, SZEGEDY C. Batch normalization: Accelerating deep network training by reducing internal covariate shift[J]. arXiv e-prints, 2015.

[121] KRIZHEVSKY A, HINTON G. Learning multiple layers of features from tiny images(Technical Report)[R]. University of Toronto, 2009.

[122] KINGMA D P, BA J. Adam: A method for stochastic optimization[J]. arXiv e-prints, 2014.

[123] ZHU X, GOLDBERG A B. Introduction to semi-supervised learning[J]. Synthesis Lectures on Artificial Intelligence and Machine Learning, 2009, 3(1): 1-130.

[124] ZHOU D, ZHONG D. A semi-supervised learning framework for biomedical event extraction based on hidden topics[J]. Artificial Intelligence in Medicine, 2015, 64(1): 51-58.

[125] GAO Q, HUANG Y, GAO X, et al. A novel semi-supervised learning for face recognition[J]. Neurocomputing, 2015, 152: 69-76.

[126] SONG H, JIANG Z, MEN A, et al. A hybrid semi-supervised anomaly detection model for high-dimensional data[J]. Computational Intelligence and Neuroscience, 2017.

[127] MA Y, PAN W, ZHU S, et al. An improved semi-supervised learning method for software defect prediction[J]. Journal of Intelligent $\&$ Fuzzy Systems, 2014, 27(5): 2473-2480.

[128] ZHU J Y, PARK T, ISOLA P, et al. Unpaired image-to-image translation using cycle-consistent adversarial networks[C]. Proceedings of the IEEE International Conference on Computer Vision, 2017: 2223-2232.

[129] YU L, ZHANG W N, WANG J, et al. SeqGAN: Sequence generative adversarial nets with policy gradient. Proceedings of the 31st AAAI Conference on Artificial Intelligence. Phoenix, AZ, USA, 2016. 2852-2858.

[130] WANG C, XU C, YAO X, et al. Evolutionary generative adversarial networks[J]. IEEE Transactions on Evolutionary Computation, 2019, 23(6): 921-934.

[131] CRESWELL A, WHITE T, DUMOULIN V, et al. Generative adversarial networks: An overview[J]. IEEE Signal Processing Magazine, 2018, 35(1): 53-65.

[132] RASMUS A, BERGLUND M, HONKALA M, et al. Semi-supervised learning with ladder networks[C]. Advances in Neural Information Processing Systems, 2015: 3546-3554.

[133] LECUN Y, BOTTOU L, BENGIO Y, HAFFNER P. Gradient-based learning applied to document recognition, Proceedings of the IEEE, 86 (1998), 2278-2324.

[134] AL-RFOU R, ALAIN G, ALMAHAIRI A, et al. Theano: A Python framework for fast computation of mathematical expressions[J]. arXiv e-prints, 2016.

[135] LIN M, CHEN Q, YAN S. Network in network[J]. arXiv e-prints, 2013.

[136] MORELLO V, BARR E D, BAILES M, et al. SPINN: a straightforward machine learning solution to the pulsar candidate selection problem[J]. Monthly Notices of the Royal Astronomical Society, 2014, 443(2): 1651-1662.